HITE 7.0 软件开发与应用工程师

ASP.NET MVC 实战教程

武汉厚溥数字科技有限公司　编著

清华大学出版社
北　京

内 容 简 介

本书按照高等院校计算机课程的基本要求，以案例驱动的形式组织内容，突出计算机课程的实践性特点。本书共包括11个单元：ASP.NET MVC介绍，使用Entity Framework操作数据库，View(视图)，Controller(控制器)，Model(模型)，ASP.NET MVC项目实战，系统登录与注销，会员等级管理，用户信息管理，会员信息管理，会员消费。

本书内容安排合理，结构清晰，所讲内容通俗易懂，实例丰富，突出理论与实践的结合，可作为各类高等院校、培训机构的教材，也可供广大Windows程序设计人员参考。

图书在版编目(CIP)数据

ASP.NET MVC实战教程 / 武汉厚溥数字科技有限公司编著. —北京：清华大学出版社，2023.2（2025.4重印）
(HITE 7.0 软件开发与应用工程师)
ISBN 978-7-302-61982-6

I. ①A… II. ①武… III. ①网页制作工具—程序设计—教材 IV. ①TP393.092.2

中国版本图书馆CIP数据核字(2022)第182771号

责任编辑：刘金喜
封面设计：王 晨
版式设计：孔祥峰
责任校对：成凤进
责任印制：刘 菲

出版发行：清华大学出版社
网 址：https://www.tup.com.cn，https://www.wqxuetang.com
地 址：北京清华大学学研大厦A座 **邮 编**：100084
社 总 机：010-83470000 **邮 购**：010-62786544
投稿与读者服务：010-62776969, c-service@tup.tsinghua.edu.cn
质 量 反 馈：010-62772015, zhiliang@tup.tsinghua.edu.cn
印 装 者：三河市人民印务有限公司
经 销：全国新华书店
开 本：185mm×260mm **印 张**：15 **彩 插**：2 **字 数**：309千字
版 次：2023年2月第1版 **印 次**：2025年4月第2次印刷
定 价：79.00元

产品编号：099254-01

编 委 会

主　编：

邓卫红　寇立红

副主编：

何　爽　孙　俊　史晓磊　韦素云
姜有奇　杨　晓　孙　玮

编　委：

闫俊杰　杨　文　罗秋菊　程　胜
杨婷婷　赖松兆　李娟娟　张　乔

主　审：

李　杰　王　伟

HITE 7.0
培养体系

HITE 7.0全称厚溥信息技术工程师培养体系第7版，是武汉厚溥企业集团推出的“厚溥信息技术工程师培养体系”，其宗旨是培养适合企业需求的IT工程师，该体系被国家工业和信息化部人才交流中心鉴定为国家级计算机人才评定体系，凡通过HITE课程学习成绩合格的学生将获得国家工业和信息化部颁发的“全国计算机专业人才证书”，该体系教材由清华大学出版社全面出版。

HITE 7.0是厚溥最新的职业教育课程体系，该职业体系旨在培养移动互联网开发工程师、智能应用开发工程师、企业信息化应用工程师、网络营销技术工程师等。它的独特之处在于每年都要根据技术的发展进行课程的更新。在确定HITE课程体系之前，厚溥技术中心专业研究员在IT领域和一些非IT公司中进行了广泛的行业调查，以了解他们在目前和将来的工作中会用到的数据库系统、前端开发工具和软件包等应用程序，每个产品系列均以培养符合企业需求的软件工程师为目标而设计。在设计之前，研究员对IT行业的岗位序列做了充分的调研，包括研究从业人员技术方向、项目经验和职业素质等方面的需求，通过对所面向学生的自身特点、行业需求的现状以及项目实施等方面的详细分析，结合厚溥对软件人才培养模式的认知，按照软件专业总体定位要求，进行软件专业产品课程体系设计。该体系集应用软件知识和多领域的实践项目于一体，着重培养学生的熟练度、规范性、集成和项目能力，从而达到预定的培养目标。整个体系基于ECDIO工程教育课程体系开发技术，可以全面提升学生的价值和学习体验。

一、移动互联网开发工程师

在移动终端市场竞争下，为赢得更多用户的青睐，许多移动互联网企业将目光瞄准在应用程序创新上。如何开发出用户喜欢，并能带来巨大利润的应用软件，成为企业思考的问题，然而这一切都需要移动互联网开发工程师来实现。移动互联网开发工程师成为求职市场的宠儿，不仅薪资待遇高，福利好，更有着广阔的发展前景，倍受企业重视。

移动互联网企业对Android和Java开发工程师需求如下：

已选条件:	Java(职位名)	Android(职位名)
共计职位:	共51014条职位	共18469条职位

1. 职业规划发展路线

Android				
★	★★	★★★	★★★★	★★★★★
初级Android 开发工程师	Android 开发工程师	高级Android 开发工程师	Android 开发经理	移动开发 技术总监
Java				
★	★★	★★★	★★★★	★★★★★
初级Java 开发工程师	Java 开发工程师	高级Java 开发工程师	Java 开发经理	技术总监

2. 素质能力提升路径

1 大学生	2 大学生活	3 学习习惯	4 职业目标	5 沟通表达	6 自我管理
12 准职业人	11 职业路线	10 求职技能	9 就业意识	8 融入团队	7 形象礼仪

3. 专业技能提升路径

1 大学生	2 计算机基础	3 编程基础	4 软件工程	5 数据库	6 网站技术
12 准职业人	11 产品规划	10 项目技能	9 高级应用	8 APP开发	7 基础应用

4. 项目介绍

(1) 酒店点餐助手

(2) 音乐播放器

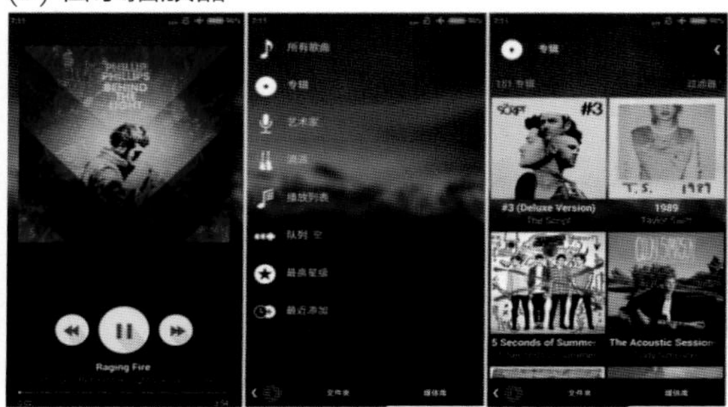

二、智能应用开发工程师

随着物联网技术的高速发展，我们生活的整个社会智能化程度将越来越高。在不久的将来，物联网技术必将引起我国社会信息的重大变革，与社会相关的各类应用将显著提升整个社会的信息化和智能化水平，进一步增强服务社会的能力，从而不断提升我国的综合竞争力。 智能应用开发工程师未来将成为热门岗位。

智能应用企业每天对.NET开发工程师需求约15957个岗位(数据来自51job)：

已选条件:	.NET(职位名)
共计职位:	共15957条职位

1. 职业规划发展路线

★	★★	★★★	★★★★	★★★★★
初级.NET 开发工程师	.NET 开发工程师	高级.NET 开发工程师	.NET 开发经理	技术总监
★	★★	★★★	★★★★	★★★★★
初级 开发工程师	智能应用 开发工程师	高级 开发工程师	开发经理	技术总监

2. 素质能力提升路径

1 大学生	2 大学生活	3 学习习惯	4 职业目标	5 沟通表达	6 自我管理
12 准职业人	11 职业路线	10 求职技能	9 就业意识	8 融入团队	7 形象礼仪

3. 专业技能提升路径

1 大学生	2 计算机基础	3 编程基础	4 软件工程	5 数据库	6 网站技术
12 准职业人	11 产品规划	10 项目技能	9 高级应用	8 智能开发	7 基础应用

4. 项目介绍

(1) 酒店管理系统

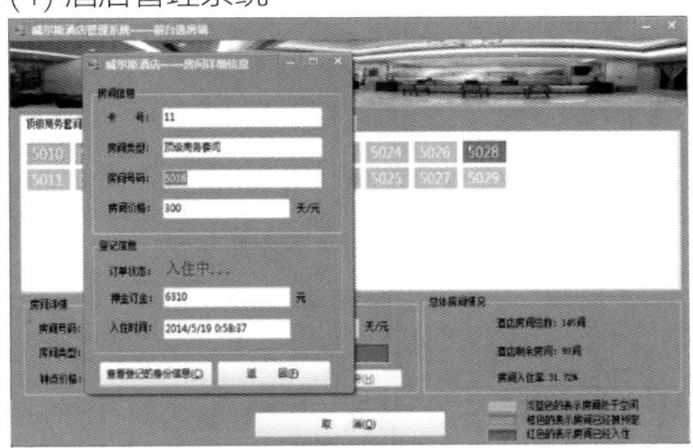

(2) 学生在线学习系统

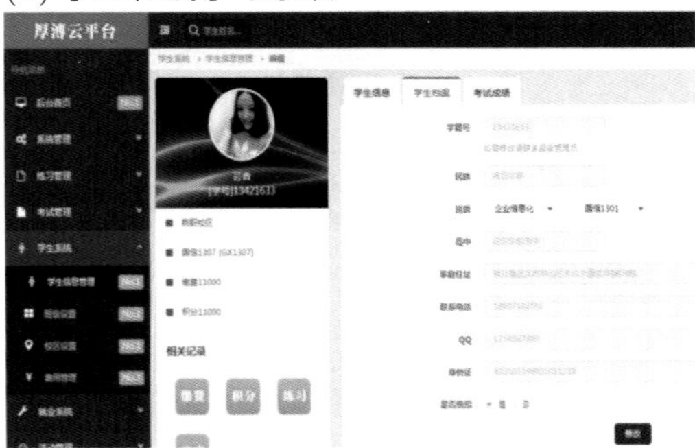

三、企业信息化应用工程师

当前，世界各国信息化快速发展，信息技术的应用促进了全球资源的优化配置和发展模式创新，互联网对政治、经济、社会和文化的影响更加深刻，围绕信息获取、利用和控制的国际竞争日趋激烈。企业信息化是经济信息化的重要组成部分。

IT企业每天对企业信息化应用工程师需求约11248个岗位（数据来自51job）：

已选条件:	ERP实施(职位名)
共计职位:	共11248条职位

1. 职业规划发展路线

初级实施工程师	实施工程师	高级实施工程师	实施总监
信息化专员	信息化主管	信息化经理	信息化总监

2. 素质能力提升路径

1 大学生	2 大学生活	3 学习习惯	4 职业目标	5 沟通表达	6 自我管理
12 准职业人	11 职业路线	10 求职技能	9 就业意识	8 融入团队	7 形象礼仪

3. 专业技能提升路径

1 大学生	2 计算机基础	3 编程基础	4 软件工程	5 数据库	6 网站技术
12 准职业人	11 产品规划	10 项目技能	9 高级应用	8 实施技能	7 基础应用

4. 项目介绍

(1) 金蝶K3

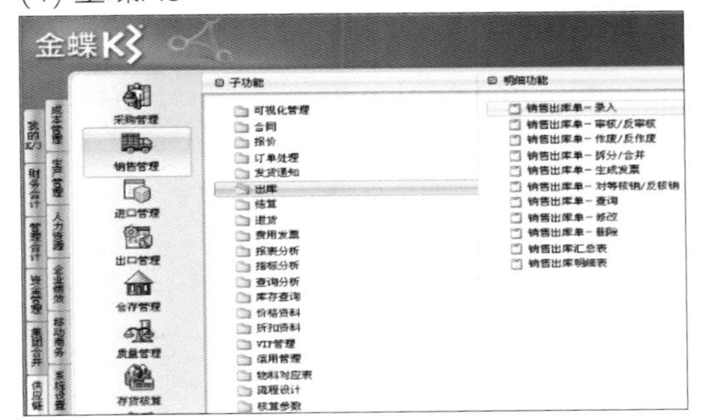

(2) 用友U8

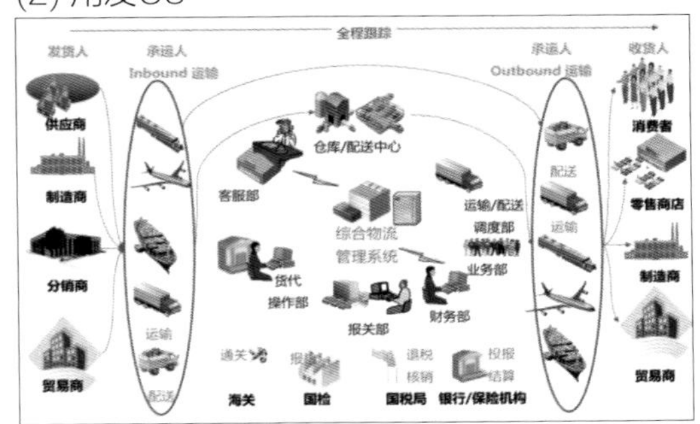

四、网络营销技术工程师

在信息网络时代，网络技术的发展和应用改变了信息的分配和接收方式，改变了人们生活、工作、学习、合作和交流的环境，企业也必须积极利用新技术变革企业经营理念、经营组织、经营方式和经营方法，搭上技术发展的快车，促进企业飞速发展。网络营销是适应网络技术发展与信息网络时代社会变革的新生事物，必将成为跨世纪的营销策略。

互联网企业每天对网络营销工程师需求约47956个岗位(数据来自51job)：

已选条件:	网络推广SEO(职位名)
共计职位:	共47956条职位

1. 职业规划发展路线

网络推广专员	网络推广主管	网络推广经理	网络推广总监
网络运营专员	网络运营主管	网络运营经理	网络运营总监

2. 素质能力提升路径

1 大学生	2 大学生活	3 学习习惯	4 职业目标	5 沟通表达	6 自我管理
12 准职业人	11 职业路线	10 求职技能	9 就业意识	8 融入团队	7 形象礼仪

3. 专业技能提升路径

1 大学生	2 计算机基础	3 编程基础	4 网站建设	5 数据库	6 网站技术
12 准职业人	11 产品规划	10 项目实战	9 电商运营	8 网络推广	7 网站SEO

4. 项目介绍

(1) 品牌手表营销网站

(2) 影院销售网站

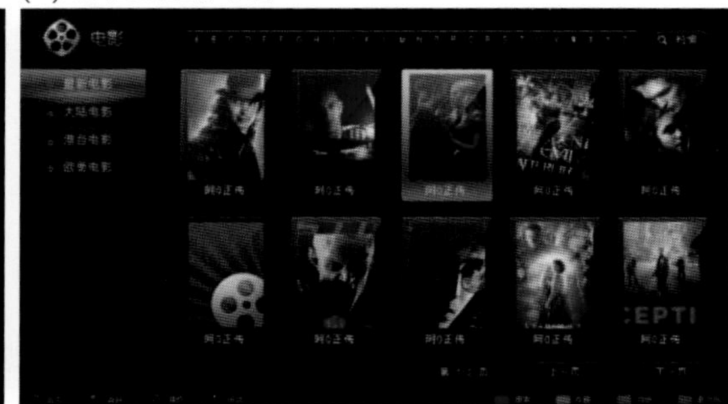

前 言

ASP.NET MVC 是 Windows 系统下面的 Web 开发框架，由 Microsoft 提供。MVC 由 Model、View、Controller 3 个单词的首字母组合而成，是 UI 端分层的三层模式，跟三层架构有着本质区别。.NET MVC 彻底分离了前后端，以及抽象层结构的依赖注入，横切编程模式。用于模型架构的 Model Metadata、用于模型验证的 Validate Provider、用于数据提供的 Value Provider、用于数据绑定的 Model Binder 及用于视图绑定的 View Engine 引擎等，构成了 ASP.NET MVC 架构的模式。

本书是“工信部国家级计算机人才评定体系”中的一本专业教材。“工信部国家级计算机人才评定体系”是由武汉厚溥数字科技有限公司开发，以培养符合企业需求的软件工程师为目标的 IT 职业教育体系。在开发该体系之前，我们对 IT 行业的岗位序列做了充分的调研，包括研究从业人员技术方向、项目经验和职业素养等方面的需求，通过对所面向学生的特点、行业需求的现状及项目实施等方面的详细分析，结合我公司对软件人才培养模式的认知，按照软件专业总体定位要求，进行软件专业产品课程体系设计。该体系集应用软件知识和多领域的实践项目于一体，着重培养学生的熟练度、规范性、集成和项目能力，从而达到预定的培养目标。

本书共包括 11 个单元：ASP.NET MVC 介绍，使用 Entity Framework 操作数据库，View(视图)，Controller(控制器)，Model(模型)，ASP.NET MVC 项目实战，系统登录与注销，会员等级管理，用户信息管理，会员信息管理，会员消费。

我们对本书的编写体系做了精心设计，按照“理论学习—知识总结—上机操作—课后习题”这一思路进行编排。“理论学习”部分描述通过案例要达到的学习目标与涉及的相关知识点，使学习目标更加明确；“知识总结”部分概括案例所涉及的知识点，使知识点能够完整系统地呈现；“上机操作”部分对案例进行了详尽分析，通过完整的步骤帮助读者快速掌握该案例的操作方法；“课后习题”部分帮助读者理解章节的知识点。本书在内容编写方面，力求细致全面；在文字叙述方面，注意言简意赅、重点突出；在案例选取方面，强调案例的针对性和实用性。

本书凝聚了编者多年来的教学经验和成果，可作为各类高等院校、培训机构的教材，也可供广大程序设计人员参考。

本书由武汉厚溥数字科技有限公司编著，由寇立红、李杰、王伟、何爽、罗秋菊、程胜、杨婷婷等多名企业实战项目经理和培训讲师编写。本书编者长期从事项目开发和教学实施，并且对当前高校的教学情况非常熟悉，在编写过程中充分考虑到不同学生的特点和需求，加强了项目实战方面的教学。在本书的编写过程中，得到了武汉厚溥数字科技有限公司各级领导的大力支持，在此对他们表示衷心的感谢。

参与本书编写的人员还有：张家界航空工业职业技术学院邓卫红、杨文，松山职业技术学院孙俊，张家口机械工业学校史晓磊、闫俊杰，包头钢铁职业技术学院韦素云，陕西机电职业技术学院姜有奇，湖北国土资源职业学院杨晓，陕西国际商贸学院孙玮、李娟娟、张乔，闽西职业技术学院赖松兆等。

限于编写时间和编者的水平有限，书中难免存在不足之处，希望广大读者批评指正。

本书教学资源可通过扫描下方二维码下载。

教学资源

服务邮箱：476371891@qq.com。

编　者

2022 年 9 月

目　录

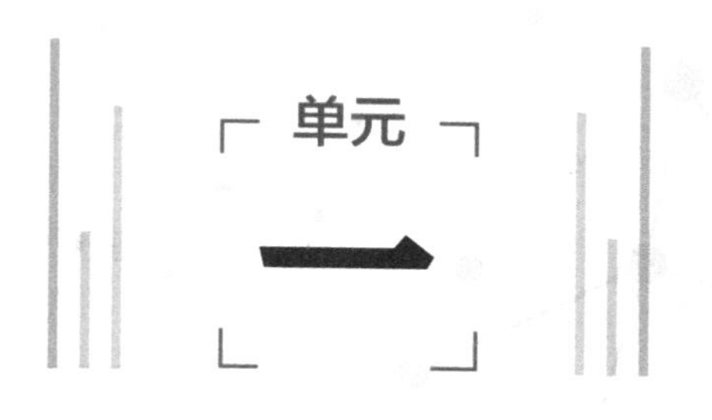

ASP.NET MVC概述

课程目标

- ❖ 了解 ASP.NET MVC 开发模式
- ❖ 了解 ASP.NET MVC 请求流程
- ❖ 创建第一个 ASP.NET MVC 应用程序
- ❖ 掌握路由配置方法

简介

在 ASP.NET MVC 开发模式诞生之前，一直流行的开发模式是 ASP.NET WebForms，MVC 成为计算机科学领域重要的构建模式已有多年历史。自从引入以来，MVC 已经在数十种框架中得到应用，在 Java 和 C++语言中，在 macOS 和 Windows 操作系统中以及很多架构内部都用到了 MVC。

MVC 模式是一种流行的 Web 应用架构技术，它被命名为模型-视图-控制器(Model-View-Controller)。在分离应用程序内部的关注点方面，MVC 是一种强大而简洁的方式，尤其适合应用在 Web 应用程序中。

1.1 ASP.NET MVC 介绍

MVC 模式是一种软件架构模式。它把软件系统分为三部分：模型(Model)、视图(View)和控制器(Controller)。MVC 模式最早由 Trygve Reenskaug 在 1974 年提出，是施乐帕罗奥多研究中心(Xerox PARC)在 20 世纪 80 年代为程序语言 Smalltalk 发明的一种软件设计模式。MVC 模式的目的是实现一种动态的程序设计，使后续对程序的修改和扩展简化，并使对程序某一部分的重复利用成为可能。除此之外，此模式通过简化复杂度，使程序结构更加直观。软件系统通过对自身基本部分分离的同时也赋予了各个基本部分应有的功能。

ASP.NET MVC 框架是 MVC 设计模式在 ASP.NET 中的具体应用。2009 年微软发行 ASP.NET MVC 1.0 版，而 ASP.NET MVC 这种开发模式开始流行起来是在 2011 年 ASP.NET MVC 3.0 版本发行之后。这个版本的推出改进了许多非常实用的特性，深受广大开发者喜爱。随后几乎每一年迭代一次新的版本，而今 ASP.NET MVC 已经成为.NET 平台下首选的 Web 应用程序开发方式。

1.1.1 什么是 ASP.NET MVC 开发模式

MVC(Model-View-Controller)模式，强制性地使应用程序输入、处理和输出分开。通常 MVC 应用程序分为 3 个核心部件：模型、视图、控制器。它们各自处理自己的任务。

从宏观上来说，MVC 是框架分层的一种搭建思想，在最原始的项目中，没有什么框架分层之说，所有的项目代码都在一个层里，这样会导致代码冗杂，耦合性强，项目迭代升级困难。MVC 是一种分层思想，将一个项目代码分为几类，分别放到不同的层里，Model 层存储一些数据和业务逻辑；View 层处理页面问题；Controller 层用来接收人机交互指令。

MVC 分层思想和传统的三层(数据库访问层、业务逻辑层、表现层)还是有区别的。

Model(模型)：代表一系列类，用来描述业务逻辑，比如业务模型以及数据访问操作，再比如数据模型。同时也定义了对数据进行处理的业务规则。

View(视图)：代表的是 UI 部分，类似 CSS、jQuery、HTML 等。它的主要职责是展现从 Controller 接收到的数据或模型。

Controller(控制器)：其职责在于处理传入的请求。它接收用户通过视图的输入，然后对用户输入的数据模型进行处理，最终通过视图将结果渲染给用户。通常来讲，控制器在视图和模型之间扮演着桥梁(协调者)的角色。

1.1.2 ASP.NET MVC 的优点

通过 ASP.NET MVC 这种模式开发 Web 应用程序有如下优点：

- 很容易将复杂的应用分成 M、V、C 三个组件模型。通过 Model、View 和 Controller 有效地简化复杂的架构，体现了很好的隔离原则。
- 因为没有使用 Server-based Forms，所以程序的控制更加灵活，页面更加干净。
- 可以控制生成自定义的 URL，对于 SEO(搜索引擎优化)友好的 URL 更不在话下，而 Web Forms 要额外做路由重写来实现伪静态的形式。
- 强类型 View 实现，更安全、更可靠、更高效。
- 让 Web 开发可以专注于某一层，有利于开发中的分工，更利于分工配合，适用于大型架构开发。
- 很多企业已经使用 MVC 作为项目开发框架，招聘时明确要求应聘者熟悉 MVC 开发模式，因为有些项目架构就是 MVC+EF+Web API+…。
- 松耦合、易于扩展和维护。
- 有利于组件的重用。
- ASP.NET MVC 能够更好地支持单元测试(Unit Test)。
- 在团队开发模式下表现更出众。
- MVC 将代码和页面彻底分离，分离到了两个文件中，即视图和控制器。而 Web Forms 的 Codebehind 技术没有完全对代码和前台页面进行分离，耦合度太高。ASPX 和 ASPX.cs 是典型的继承关系。

1.2 创建 ASP.NET MVC 应用程序

1.2.1 创建项目

了解 ASP.NET MVC 开发模式的基本概念之后，可以发现它和之前的 Web Forms 有很大的不同。学习任何新的技术一般都从最简单的创建项目开始，下面就开始创建第一个 ASP.NET MVC 应用程序。

提示：本书中所有的案例和项目演示都以 Visual Studio 2019 和 SQL Server 2014 版本为主，为了更好地学习本书内容，请安装相同版本的开发工具。

(1) 打开 Visual Studio 2019，在“开始使用”中选择“创建新项目”，如图 1-1 所示。

图 1-1　创建新项目

(2) 在弹出的菜单中依次选择项目类型“C#”→“Windows”→“Web”，在下方的菜单中选择“ASP.NET Web 应用程序(.NET Framework)”，然后单击“下一步”按钮，如图 1-2 所示。

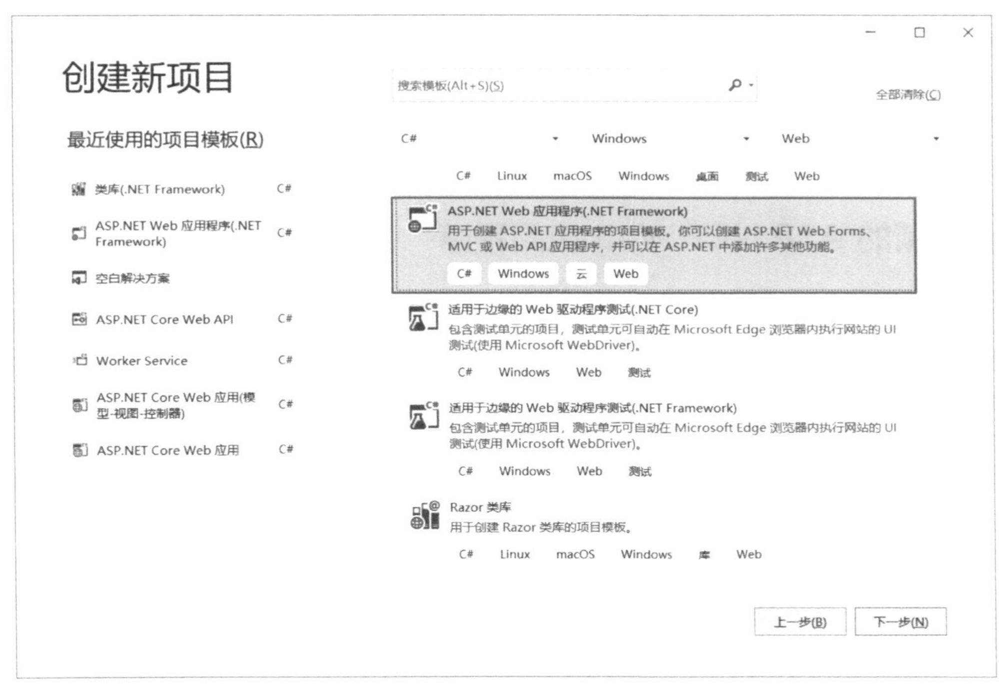

图 1-2　创建 ASP.NET Web 应用程序(.NET Framework)

(3) 在弹出的“配置新项目”界面中，依次输入项目名称、位置、解决方案名称，并选择运行时的框架版本，然后单击“创建”按钮，如图 1-3 所示。

图 1-3　配置新项目

(4) 在弹出的“创建新的 ASP.NET Web 应用程序”界面中，选择 MVC 选项，并取消选中右侧“高级”栏目中的“为 HTTPS 配置”前的复选框(目前学习阶段暂时用不到)，然后单击“创建”按钮，如图 1-4 所示。

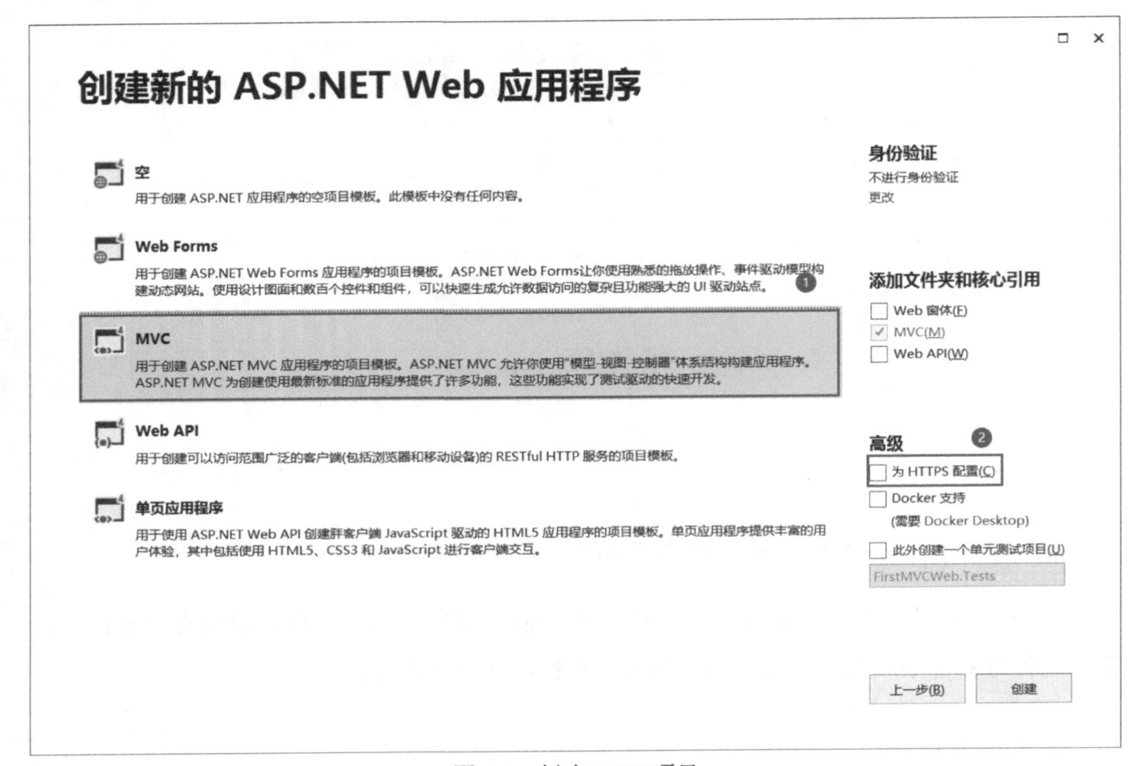

图 1-4　创建 MVC 项目

(5) 稍等片刻，Visual Studio 会自动创建好一个 ASP.NET Web 应用程序，如图 1-5 所示。

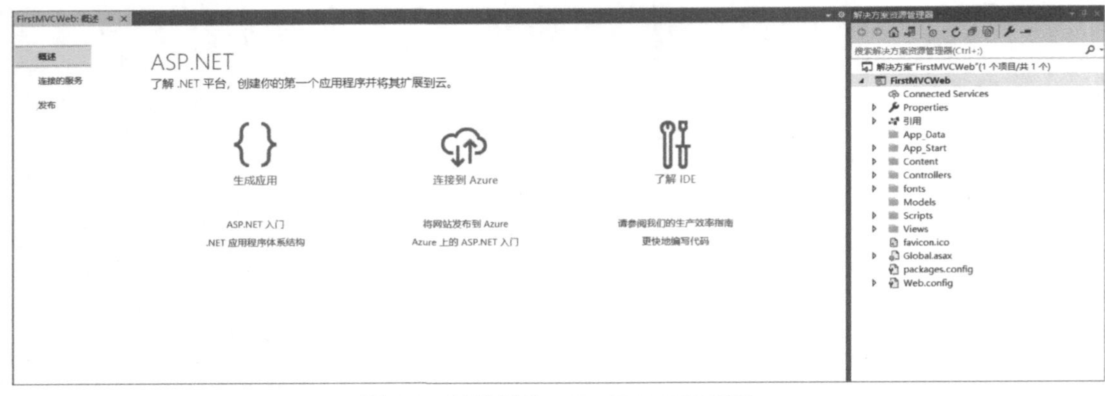

图 1-5　创建好的 ASP.NET MVC 项目

1.2.2　ASP.NET MVC 项目结构

ASP.NET MVC 项目建立完成后会自动创建一些标准的目录结构，默认的目录结构如图 1-6 所示。

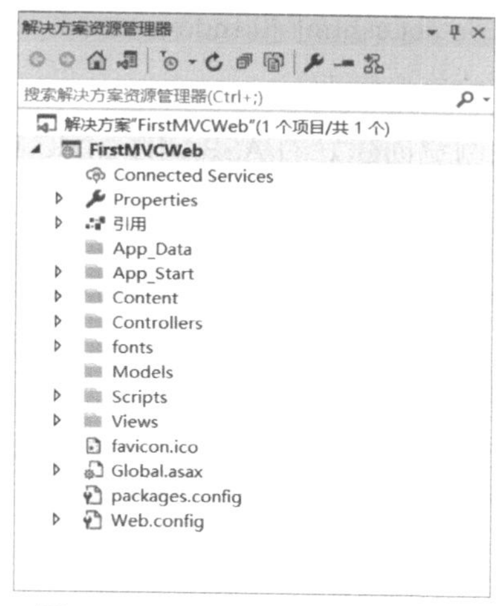

图 1-6　ASP.NET MVC 项目结构

目录结构中部分项目的含义如下。

- App_Data：用来存储数据库文件，如 xml 文件或者应用程序需要的一些其他数据。
- Content：用来存放应用程序中需要用到的一些静态资源文件，如图片和 CSS 样式文件。
- Controllers：用于存放所有控制器类，控制器负责处理请求，并决定哪一个 Action 执行。它充当一个协调者的角色。
- Models：用于存放应用程序的核心类、数据持久化类或者视图模型。如果项目比较大，可以把这些类单独放到一个项目中。
- Scripts：用于存放项目中用到的 JavaScript 文件，默认情况下，系统自动添加了一系列的 js 文件，包含 jQuery 和 jQuery 验证等 js 文件。
- Views：包含许多用于用户界面展示的模板，这些模板都是使用 Razor 视图展示的，子目录对应着控制器相关的视图。
- Global.asax：存放在项目根目录下，代码中包含应用程序第一次启动时的初始化操作，诸如路由注册。
- Web.config：同样存在于项目根目录下，包含 ASP.NET MVC 正常运行所需的配置信息。

至此，已经完成了第一个 ASP.NET MVC 应用程序的创建，接下来可以通过菜单导航去浏览每个页面的内容。

1.2.3 ASP.NET MVC 的请求流程

创建一个新的 ASP.NET MVC 应用程序之后，会发现默认已经生成了一些文件，比如在 Controllers 文件夹中有一个 HomeController，Views 下的 Home 文件夹中有 3 个默认的视图，分别是 About.cshtml、Contact.cshtml 和 Index.cshtml。有了这些默认的文件就可以先试运行，一睹 ASP.NET MVC 的庐山真面目。

(1) 单击运行按钮▶，可以浏览创建好的 ASP.NET MVC Web 应用程序，如图 1-7 所示。

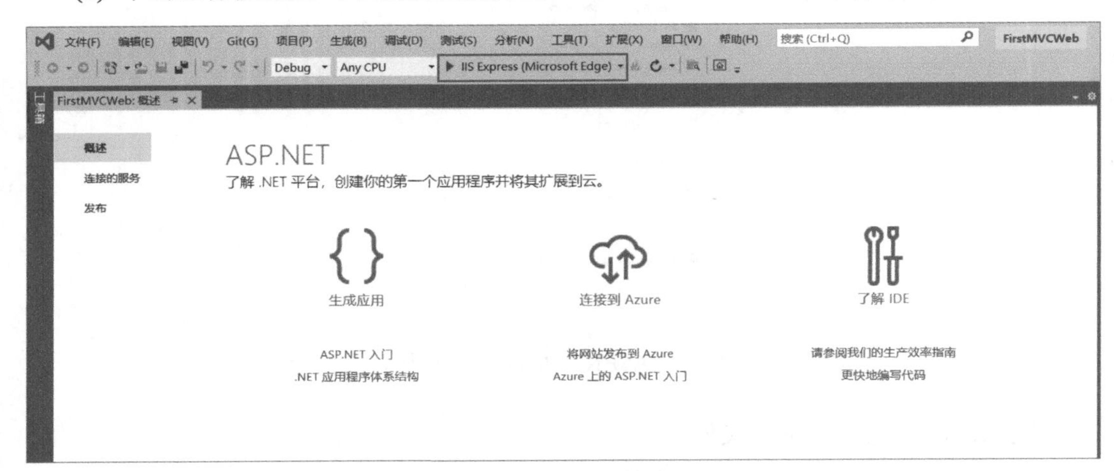

图 1-7 浏览 ASP.NET MVC 项目

(2) 运行后，默认页面如图 1-8 所示。

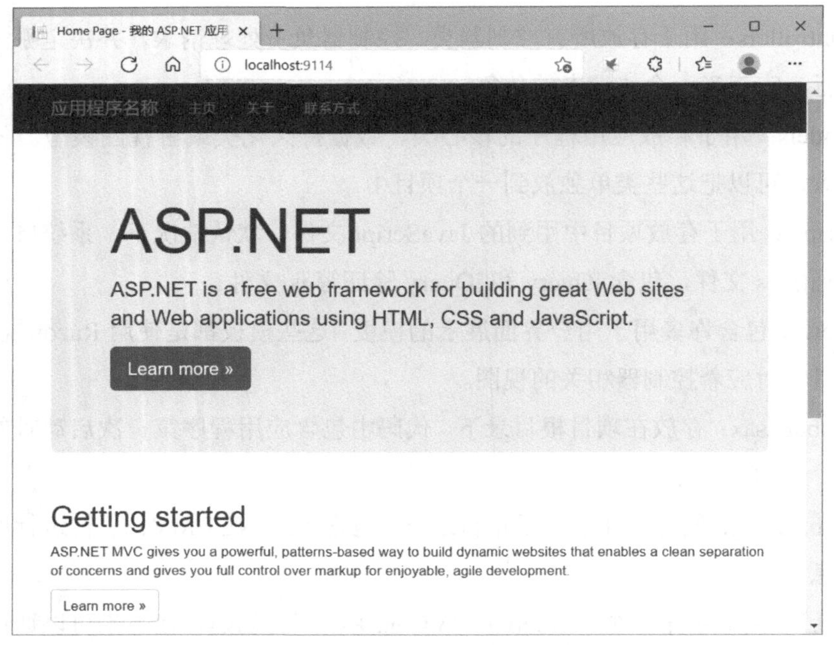

图 1-8 ASP.NET MVC 项目首页

我们可以通过单击菜单导航链接来切换到其他的页面中。

● About 页面(如图 1-9 所示)。

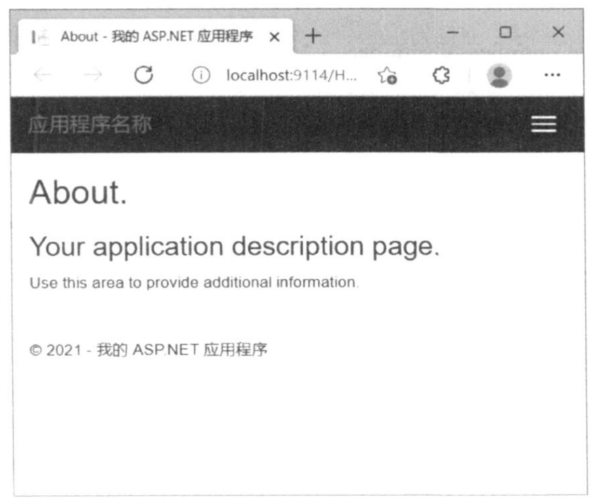

图 1-9　About 页面

● Contact 页面(如图 1-10 所示)。

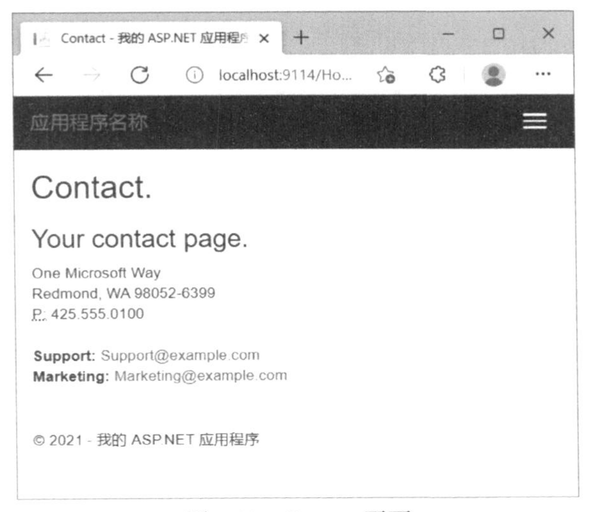

图 1-10　Contact 页面

通过运行项目，我们可以总结一下 URL 地址、控制器和视图之间的关系。在 ASP.NET MVC 中控制器充当的是处理请求的职责，URL 地址 http://localhost: 9114/Home/Index 请求的即为 HomeController 中的 Index 方法。在 HomeController 控制器中，默认有 3 个方法：

```
using System;
using System.Collections.Generic;
using System.Linq;
using System.Web;
```

```
using System.Web.Mvc;

namespace FirstMVCWeb.Controllers
{
    public class HomeController : Controller
    {
        public ActionResult Index()
        {
            return View();
        }

        public ActionResult About()
        {
            ViewBag.Message = "Your application description page.";

            return View();
        }

        public ActionResult Contact()
        {
            ViewBag.Message = "Your contact page.";

            return View();
        }
    }
}
```

其返回值类型为 ActionResult，在每个方法中默认返回 return View()，在 ASP.NET MVC 中这类方法被称为“Action”，当前的 Action 都返回一个“视图”方法。ASP.NET MVC 最终会去加载和它名称一致的视图，最终便看到了视图中所呈现的内容。

通常情况下，ASP.NET MVC 开发模式的请求模型如图 1-11 所示。

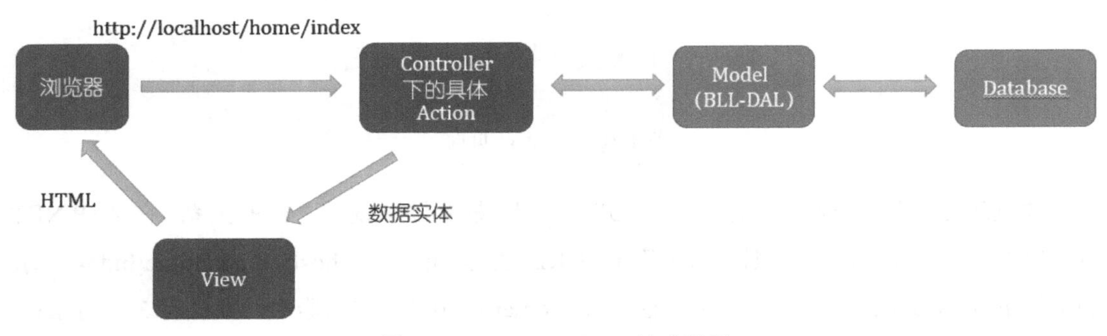

图 1-11　ASP.NET MVC 请求模型

(1) 用户打开浏览器，在地址栏输入某个网址 URL 并按 Enter 键，浏览器便开始向该 URL 指向的服务器发送 HTTP 请求(一般是 GET 方式)。

(2) 服务器端的网站服务系统(IIS)接收到该请求，先检查自己是否认识该类请求，如果认识就直接处理并发回响应，否则就将该类型的请求发给对应的 HTTP 处理程序(在此是 ASP.NET MVC)。

(3) MVC 路由系统收到请求后，根据 HTTP 请求的 URL，把请求定向到对应的控制器。

(4) 如果控制器是 MVC 内置的标准 Controller，则启动 Action 机制；否则，根据自定义的控制器逻辑，直接向浏览器发回响应。

(5) MVC 路由把 HTTP 请求定向到具体的 Controller/Action，如果 Action 没有使用视图引擎，则根据自定义逻辑发回响应；否则返回 ActionResult 给视图引擎(WebForms 或 Razor)，由视图引擎渲染呈现 HTML，并返回给浏览器。

1.2.4 添加新的控制器和视图

明白了 ASP.NET MVC 的基本请求流程之后，接下来就可以创建自己的控制器和视图，并能够最终请求到自己的页面中。

(1) 右击文件夹 Controllers，选择“添加”→“控制器”→“MVC5 控制器”命令，打开如图 1-12 所示对话框。选择“MVC 5 控制器-空”选项，然后单击“添加”按钮。

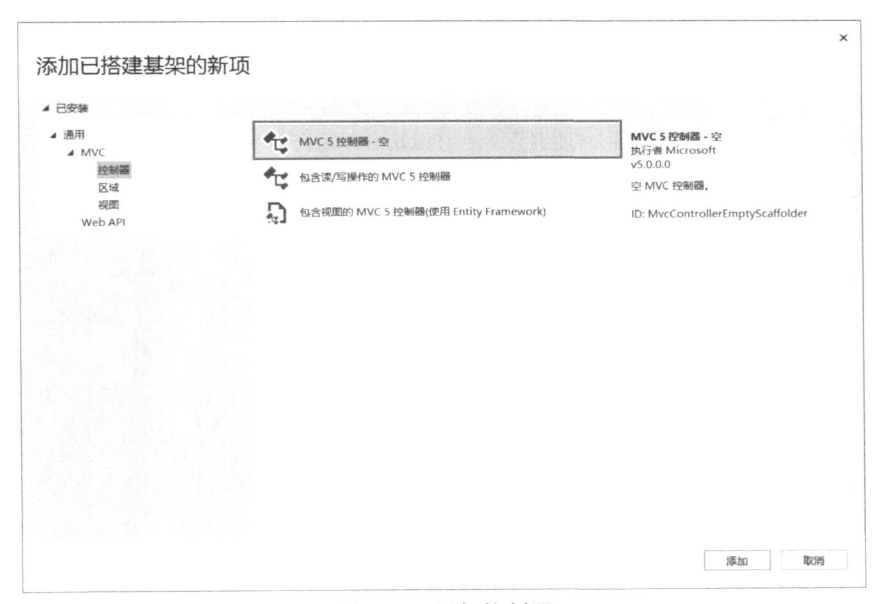

图 1-12 添加控制器

(2) 在打开的对话框中填写新的控制器名称，如“DemoController”，然后单击“添加”按钮，如图 1-13 所示。

图 1-13　填写控制器名称

添加完成后，会在 DemoController 中默认添加一个 Index 方法：

```
using System;
using System.Collections.Generic;
using System.Linq;
using System.Web;
using System.Web.Mvc;

namespace FirstMVCWeb.Controllers
{
    public class DemoController : Controller
    {
        // GET: Demo
        public ActionResult Index()
        {
            return View();
        }
    }
}
```

同时，在 Views 文件夹中自动创建了一个 Demo 文件，用来存放和 DemoController 相关的视图文件，如图 1-14 所示。

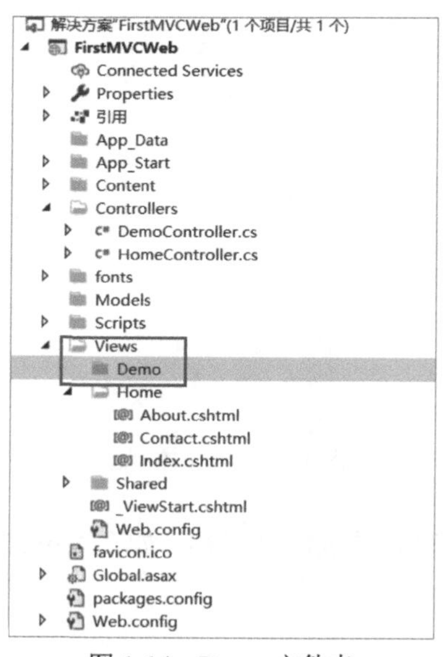

图 1-14　Demo 文件夹

(3) 添加视图。添加视图的方法有两种，一种是在 Demo 文件夹上单击右键，然后选择“添加”→“视图”菜单，如图 1-15 所示。

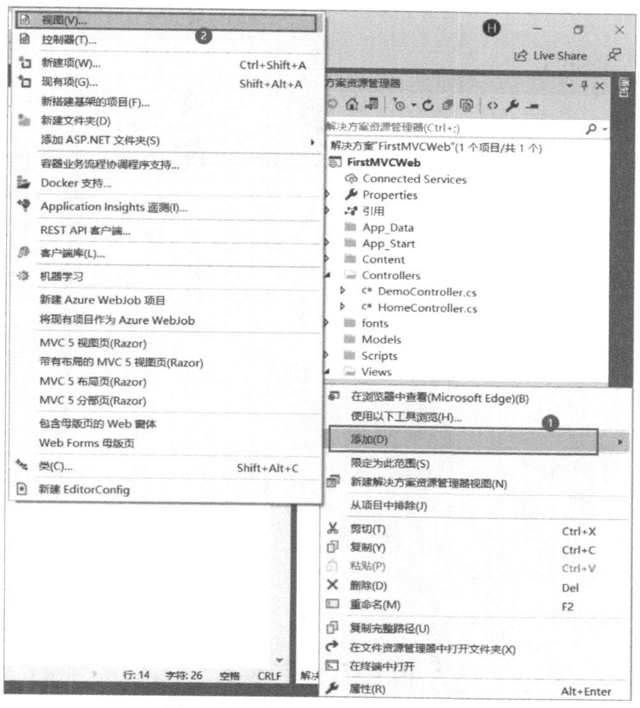

图 1-15　在文件夹中添加视图

另一种方法是在当前 Action 方法中单击右键，选择“添加视图”命令，如图 1-16 所示。

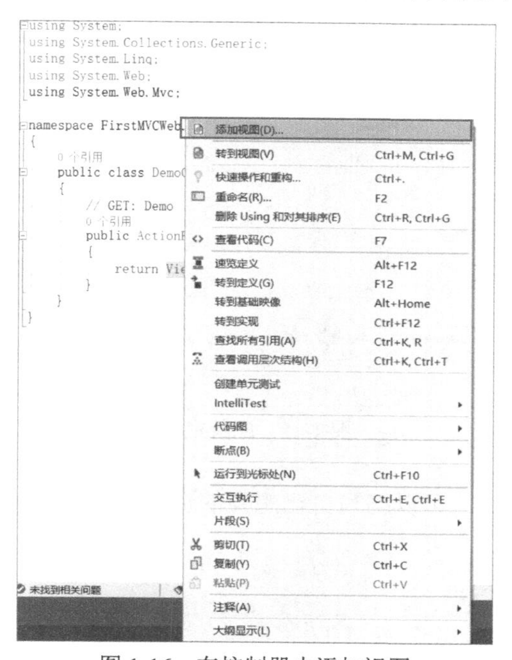

图 1-16　在控制器中添加视图

(4) 在弹出的对话框中选择“MVC5 视图”选项，然后单击“添加”按钮，如图 1-17 所示。

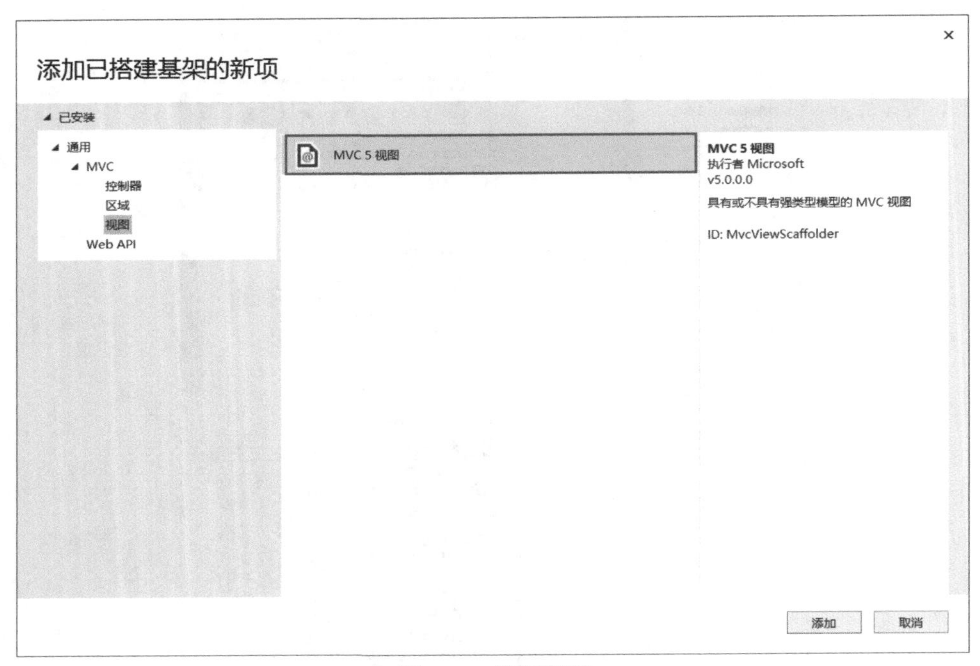

图 1-17　选择视图

(5) 在“添加视图”对话框中输入视图的名称，通常情况下视图的名称默认和当前 Action 的名称一致，我们用默认名称即可，然后单击“添加”按钮，如图 1-18 所示。

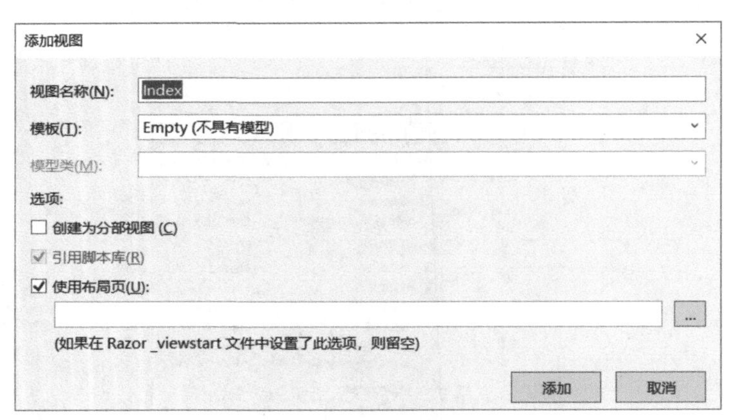

图 1-18　配置视图

(6) 在添加好的视图中，可以编写自己想要的页面效果。

```
@{
    ViewBag.Title = "Index";
}
```

```
<h2>Index</h2>

<h3>这是我的新视图</h3>
```

(7) 编写完成后，可以运行查看当前的页面，如图 1-19 所示。

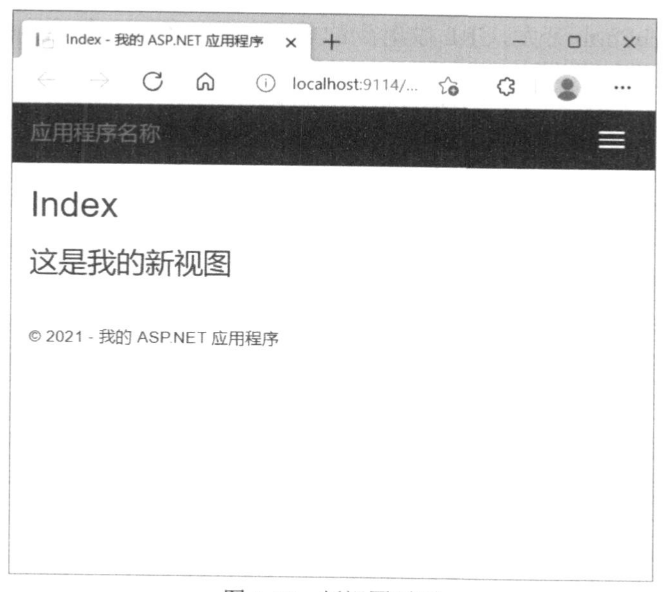

图 1-19　新视图页面

小　结

模型(Model)：指对业务流程/状态的处理以及业务规则的规定。业务流程的处理过程对其他层来说是不透明的，模型接受视图数据的请求，并返回最终的处理结果。业务模型的设计可以说是 MVC 的核心。

视图(View)：代表用户交互界面，对 Web 来说是 HTML 界面。

控制器(Controller)：可以理解为一个分发器，它决定选择什么样的模型，选择什么样的视图，可以完成什么样的用户请求。控制层并不做任何的数据处理，它负责接受用户的请求，将模型与视图匹配在一起，共同完成用户请求。

1.3 路由

对于 MVC 项目，可以发现 URL 的地址并不像以前的 WebForms 那样指向的是一个实实在在的 aspx 页面文件，那么它是如何寻找所请求的具体行为方法的呢？下面我们就来一探究竟。

1.3.1 映射 URL 到 Action

在 Web 应用中，用户都会通过 URL(统一资源定位符，俗称网址)来发送对页面的请求。打开浏览器，输入将要访问网站的网址，然后等待浏览器加载我们期待的页面。

- 传统的 WebForm 开发，URL 映射到的是一个具体的处理程序、磁盘上的物理文件，如一个 aspx 文件。
- MVC 中多数情况下是将 URL 映射到 Controller 和 Controller 下的 Action。

ASP.NET MVC 引入了路由，以消除将每个 URL 映射到物理文件的需求。路由使我们能够定义映射到请求处理程序的 URL 模式。这个请求处理程序可以是一个文件或类。

路由定义了 URL 模式和处理程序信息。存储在 RouteTable 中的应用程序的所有已配置路由将由路由引擎为传入请求确定适当的处理程序类或文件。

假如用户请求的 URL 是 http://localhost:9114/Home/Index，则路由的执行过程如图 1-20 所示。

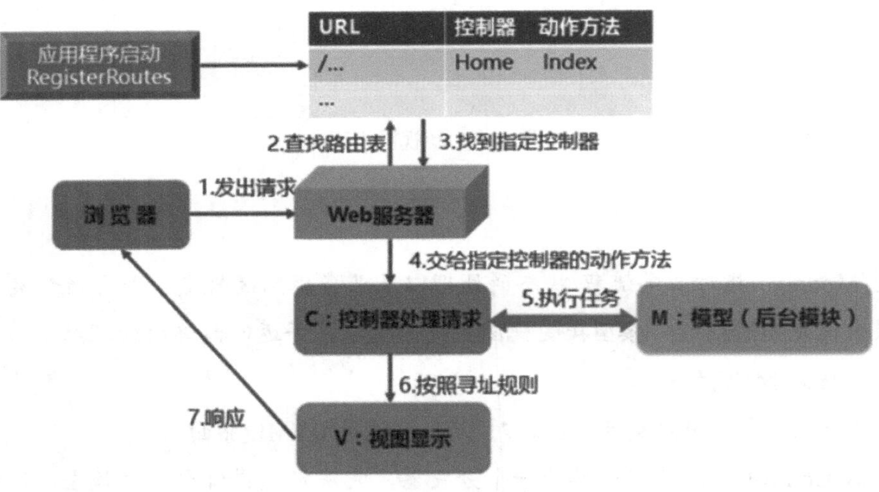

图 1-20　路由执行过程

1.3.2 路由配置

在 ASP.NET MVC 项目中，打开 Global.asax 文件，其中 Application_Start 方法在应用程序启动时执行，RouteConfig.RegisterRoutes(RouteTable.Routes)用来注册路由信息。

```
public class MvcApplication : System.Web.HttpApplication
{
    protected void Application_Start()
    {
        AreaRegistration.RegisterAllAreas();
```

```
            FilterConfig.RegisterGlobalFilters(GlobalFilters.Filters);
            RouteConfig.RegisterRoutes(RouteTable.Routes);
            BundleConfig.RegisterBundles(BundleTable.Bundles);
        }
    }
```

RouteConfig 为路由的详细配置，位于 App_Start 文件夹下的 RouteConfig.cs 文件中。

```
    public class RouteConfig
    {
        public static void RegisterRoutes(RouteCollection routes)
        {
            routes.IgnoreRoute("{resource}.axd/{*pathInfo}");

            routes.MapRoute(
                name: "default",
                url: "{controller}/{action}/{id}",
                defaults: new { controller = "Home", action = "Index", id = UrlParameter.Optional }
            );
        }
    }
```

- name 为路由名称，可以注册多个路由，但是必须保证 name 名称是唯一的。
- default 为默认路由，当 URL 中没有出现完整的请求内容时，会按照默认路由定义的规则来进行请求。

上面的 URL 中的参数值是"{controller}/{action}/{id}"，称之为 URL 模式。该模式是一种字符串，包括一些固定的“字符字面量”和“占位符”，占位符用大括号{}表示。URL 模式规定了 URL 路径的定义规则。

- 占位符：可以是一个字符串或字符，比如“x”“id”“year”等。
- 字符字面量：可能是一个比较固定的字符，比较常见的是斜杠“/”；也可以是字符串。

在匹配方面要求必须严格匹配，即实际请求的 URL 中的字符串和路由模式中的字面量字符串必须完全一致。

- 大小写：URL 模式匹配不区分大小写。

定义多个路由的方法，可参考图 1-21 所示的代码。

```
public static void RegisterRoutes(RouteCollection routes)
{
    routes.IgnoreRoute("{resource}.axd/{*pathInfo}");

    routes.MapRoute(
        name: "Default",
        url: "{controller}/{action}/{id}",
        defaults: new { controller = "Home", action = "Index", id = UrlParameter.Optional }
    );
    routes.MapRoute(
        name: "Test1",
        url: "{first}/{second}/{third}",
        defaults: new { controller = "Work", action = "Index", id = UrlParameter.Optional }
    );
}
```

图 1-21　定义路由

路由的匹配原则：如果一个 URL 能够在多个路由中匹配，则默认使用第一个匹配的路由。

UrlParameter.Optional 参数的作用是什么？该参数可以作为路由参数的默认值，当需要让/Home/Index 或/Home 能正常匹配，但又不希望赋一个无意义的值时，可以使用该参数。

小 结

路由匹配总结：

(1) 关于{controller}/{action}

必不可少：在一个实际的 MVC 系统中，{controller}和{action}必不可少。如果缺少，就会因找不到路径而出错。

约定规则：这个占位符是 MVC 中约定的，并且会被解析成控制器和对应的方法。

位置灵活：这两个约定的占位符可以在任意位置。

(2) 其他占位符

仅仅占位：其他占位符只起占位的作用，比如{aa}/{bb}/{cc}不能把 aa 解析成控制器、bb 解析成动作方法。默认要求：一个路由中，如果没有规定{controller}和{action}，或者只是规定其中之一，则没有规定的部分都将使用默认值。

(3) 匹配顺序

优先使用：多个路由匹配一个 URL，则会使用优先匹配的路由。

尽量避免：定义多个路由时，尽量避免出现多匹配。

单元小结

- MVC 应用程序具有 3 个核心部件：模型、视图、控制器。
- 模型接收视图数据的请求，并返回最终的处理结果。
- 视图代表用户交互界面，对 Web 来说是 HTML 界面。
- 控制器负责接受用户的请求，将模型与视图匹配在一起，共同完成用户请求。
- 在 MVC 中 cshtml 文件和 cs 文件是分离的，一个控制器对应一组页面。
- MVC 通过路由映射查找 Controller 下的某个方法，约定大于配置。

单元自测

选择题

1. MVC 中视图文件的扩展名是(　　)。

   A. aspx　　B. cshtml

   C. html　　D. asp

2. 以下关于 MVC 的说法中，不正确的是(　　)。

   A. MVC 中显示页面和逻辑分离

   B. MVC 通过路由映射查找 Controller 下的某个方法

   C. MVC 中约定大于配置

   D. MVC 中 Action 的返回结果必须是 View

3. 关于路由，以下描述中不正确的是(　　)。

   A. 路由配置信息在 RouteConfig 文件中

   B. 一个 MVC 项目中只能有一个路由规则

   C. 可以在一个项目中添加多个路由规则

   D. 我们所请求的 URL 地址不区分大小写

4. MVC 中的路由配置在(　　)文件中。

   A. Web.config　　B. Global.asax

   C. FilterConfig.cs　　D. RouteConfig.cs

5. MVC 中控制器必须以(　　)结尾。

A. Service　　B. Controller

C. Control　　D. 可以以任意名称结尾

■ 问答题

1. 简述 ASP.NET MVC 的请求流程。

2. 简述 ASP.NET MVC 和 ASP.NET WebForms 的区别。

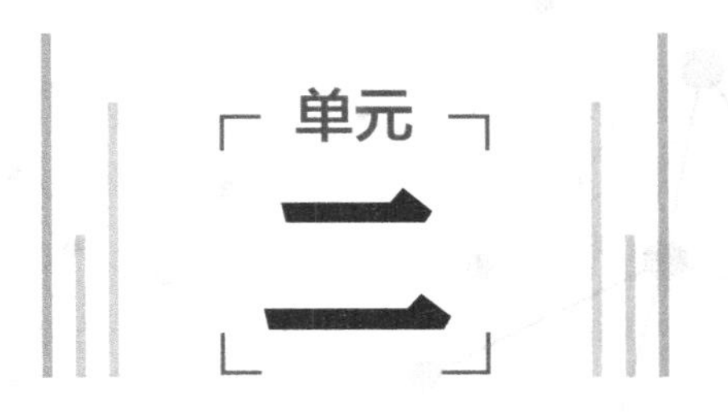

使用Entity Framework操作数据库

课程目标

- ❖ 理解 ORM 框架的作用
- ❖ 熟练掌握 Entity Framework 对数据库的操作
- ❖ 理解 Entity Framework 相对于 ADO.NET 的优缺点
- ❖ 掌握 LINQ 语法和 Lambda 表达式的使用

简介

通常情况下，做 ASP.NET MVC 项目开发时都会使用到 ORM 框架，若未使用 ORM 框架，一般是通过 ADO.NET 技术访问数据库，在访问数据库时一般通过创建 ADO.NET 5 大对象对数据库进行访问。在这种情况下开发人员在做功能模块的使用时既要写很多的业务逻辑代码，还需要写对应的 SQL 语句，在一定程度上影响了开发效率。使用 SQL 语句需要考虑安全性问题，如 SQL 注入攻击，开发人员既需要精通 C#，也需要精通 SQL 语句。那么，如何更方便、快捷地对数据进行操作，高效完成项目的开发，使开发人员更专注于业务模块代码的编写呢？这个时候就需要提供一个框架来支持实体模型和数据库之间的对应关系以及数据交互，起到桥梁、中介的作用。

2.1 Entity Framework 简介

Entity Framework(实体框架)的全称为 ADO.NET Entity Framework，简称为 EF。EF 是微软官方提供的 ORM 工具，ORM 是指对象-关系映射(Object-Relation Mapping，ORM)，它是随着面向对象的软件开发方法发展而产生的，主要实现程序对象到关系数据库数据的映射，如图 2-1 所示。

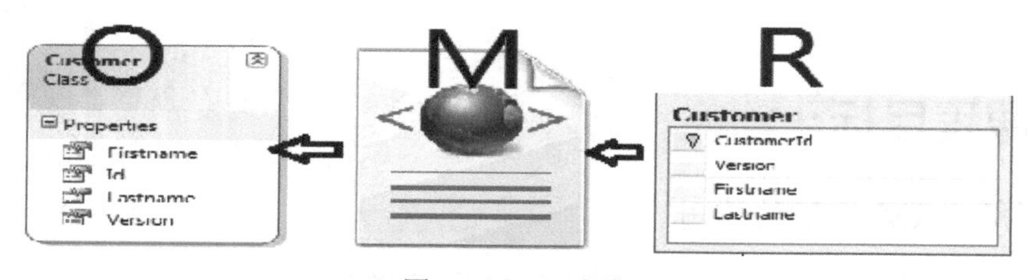

图 2-1　ORM 框架

ORM 让开发人员节省了编写数据库访问代码的时间，从而将更多的时间放到业务逻辑层代码上。开发人员使用 LINQ 语法或 Lambda 表达式，对数据库的操作如同操作 Object 对象一样省事。

Entity Framework 是微软公司以 ADO.NET 为基础发展出来的对象-关系映射解决方案，其核心架构如图 2-2 所示。

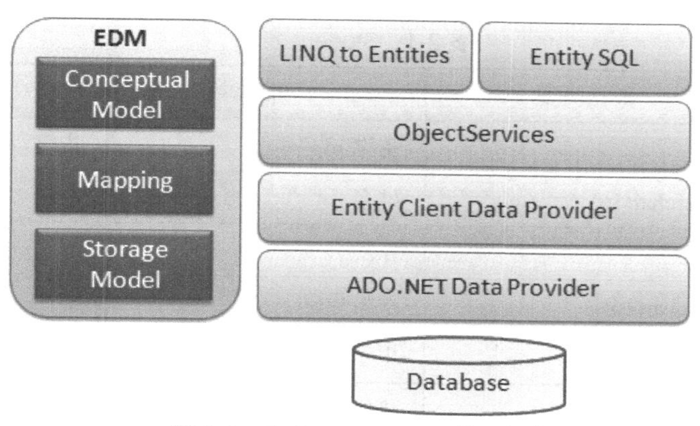

图 2-2　Entity Framework 核心架构

- EDM(Entity Data Model)：微软提供的一个强大的可视化工具，用来生成 ORM。
- LINQ to Entities 和 Entity SQL：两种语法的查询。
- ObjectServices：在 LINQ to Entities 和 Entity Client Data Provider 之间起转换作用。
- Entity Client Data Provider：用于将 Lambda 转换成 SQL 语句。
- ADO.NET Data Provider：标准的 ADO.NET。
- Database：数据库。

Entity Framework 的特点如下：

- 支持多种数据库(MSSQL、Oracle、MySQL 和 DB2)。
- 强劲的映射引擎，能很好地支持存储过程。
- 提供 Visual Studio 集成工具，进行可视化操作。
- 能够与 ASP.NET、WPF、WCF、WCF Data Services 进行很好的集成。

2.2 创建 Entity Framework

为了更好地学习本节内容，首先在 SQL Server 数据库中创建两张表，分别为 Student(学生)表和 Class(班级)表，其表结构如表 2-1 和表 2-2 所示。

表 2-1 Student 表

字段名	数据类型	说明	备注
Id	int	主键 Id	主键，自动增长
Name	nvarchar(16)	姓名	非空
Age	int	年龄	非空
Mobile	varchar(16)	手机号码	非空
Email	varchar(64)	电子邮箱	非空
ClassId	int	班级 Id	外键，非空
AddTime	datetime	添加时间	非空

表 2-2 Class 表

字段名	数据类型	说明	备注
Id	int	主键 Id	主键，自动增长
ClassName	nvarchar(16)	班级名称	非空

创建完表之后，在表中添加一些默认数据：

- Student 表中的数据如图 2-3 所示。

	Id	Name	Age	Mobile	Email	ClassId	AddTime
1	2	张三	18	13911111111	bajie@163.com	2	2017-07-22 12:40:48.883
2	6	李四	18	13911111112	wukong@qq.com	1	2017-07-22 21:21:51.687
3	7	王五	35	13911111113	wujing@qq.com	4	2017-07-24 22:04:39.020
4	8	赵六	18	13811111114	tang@qq.com	2	2017-07-25 20:17:20.530
5	10	孙七	60	13911111115	rulai@qq.com	4	2017-07-27 22:08:17.577
6	12	周八	30	13911111116	baigu@qq.com	1	2017-07-27 22:31:54.117
7	13	吴九	40	13811111117	wangmu@qq.com	3	2017-07-27 22:44:39.283
8	14	郑十	6	13911111118	hlw@qq.com	3	2017-07-27 23:42:48.957

图 2-3 Student 表

- Class 表中的数据如图 2-4 所示。

	Id	ClassName
1	1	.NET班
2	2	Java班
3	3	IOS班
4	4	PHP班
5	5	Android班

图 2-4 Class 表

Entity Framework 是微软自己的一款 ORM 框架，借助于 Visual Studio 开发工具能够很方便地去使用。在使用之前需要先在项目中创建“实体数据模型”。

(1) 在 Models 文件夹上单击右键，选择“添加”→“新建项”菜单，然后选择“数据”→“ADO.NET 实体数据模型”选项，并在下方的名称处填写创建的名称，如图 2-5 所示。

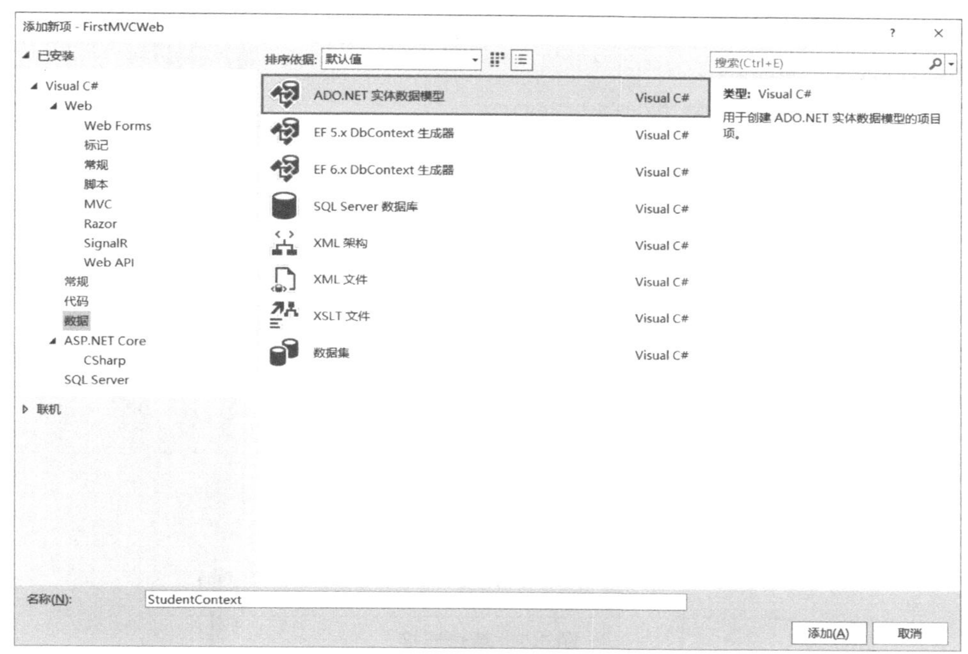

图 2-5　添加 ADO.NET 实体数据模型

(2) 在“选择模型内容”界面中选择“来自数据库的 Code First”选项，如图 2-6 所示。

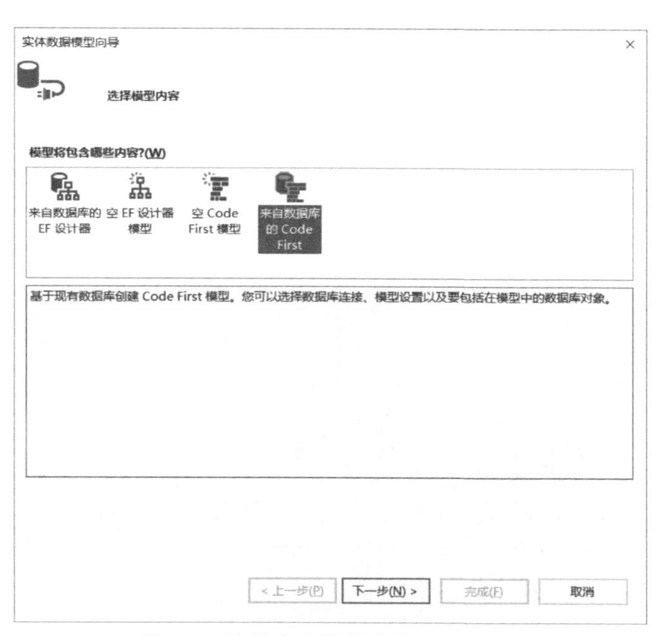

图 2-6　选择来自数据库的 Code First

(3) 在“选择您的数据连接”界面中单击“新建连接”按钮，如图 2-7 所示。

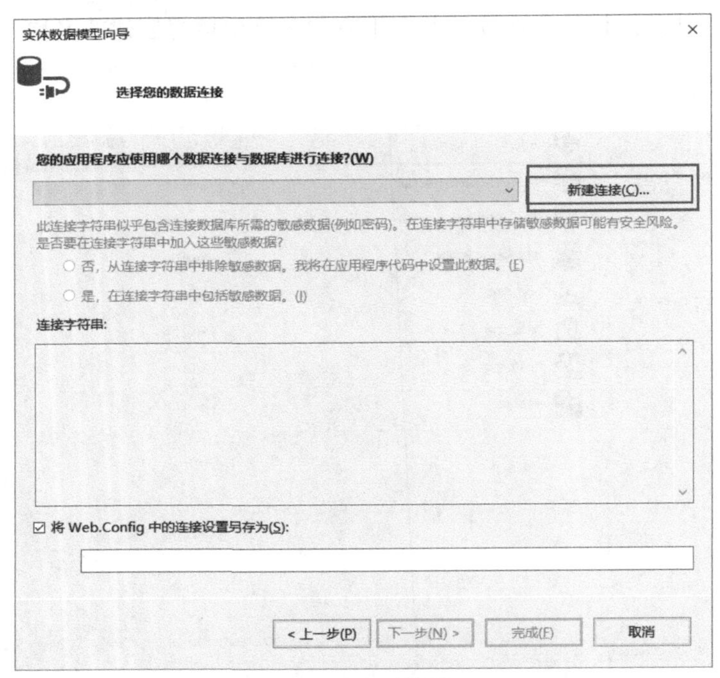

图 2-7　新建连接

(4) 在弹出的“选择数据源”对话框“数据源”列表框中，选择“Microsoft SQL Server”，然后单击“继续”按钮，如图 2-8 所示。

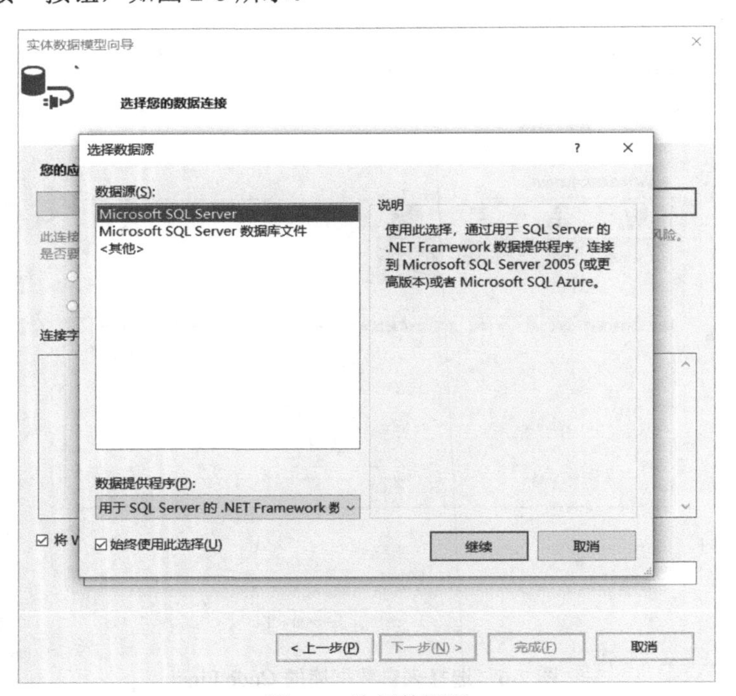

图 2-8　选择数据源

(5) 接下来配置连接属性，在“服务器名”处输入“.”，表示连接本机数据库，“身份验证”选择“Windows 身份验证”，数据库选择刚刚创建的学生表和班级表所在的数据库，如图 2-9 所示。

图 2-9　连接属性

(6) 单击“确定”按钮，确认无误后，单击“下一步”按钮，如图 2-10 所示。

图 2-10　选择数据库连接

(7) 在出现的对话框中单击“表”，显示当前数据库中的所有表，把“Class”和“Student”表打钩选中，如图 2-11 所示。

图 2-11　选择数据库对象

(8) 确认无误后，单击“完成”按钮，即可将 Entity Framework 添加至项目中。

(9) 稍等片刻，会发现在 Models 文件中增加了 3 个类文件，分别是“Class.cs”“Student.cs”和“StudentContext.cs”，如图 2-12 所示。

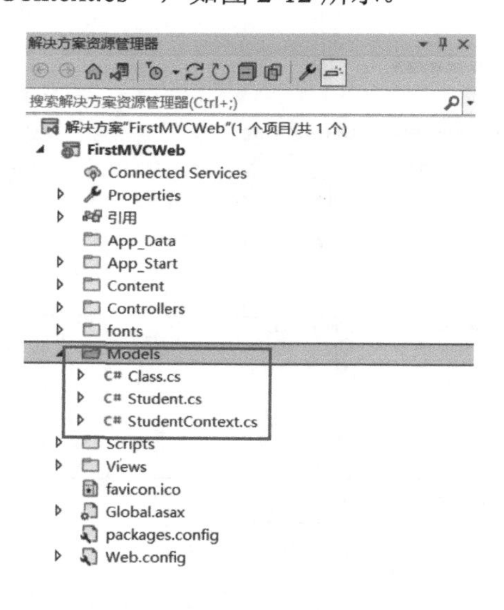

图 2-12　创建出的实体类

其中，Class 类和 Student 类分别为班级表和学生表对应的实体，打开这两个文件后可以看到其属性和字段名是一一对应的。

Class 类实体属性如下：

```
namespace FirstMVCWeb.Models
{
    using System;
    using System.Collections.Generic;
    using System.ComponentModel.DataAnnotations;
    using System.ComponentModel.DataAnnotations.Schema;
    using System.Data.Entity.Spatial;

    [Table("Class")]
    public partial class Class
    {
        [System.Diagnostics.CodeAnalysis.SuppressMessage("Microsoft.Usage",
         "CA2214:DoNotCallOverridableMethodsInConstructors")]
        public Class()
        {
            Student = new HashSet<Student>();
        }

        public int Id { get; set; }

        [Required]
        [StringLength(16)]
        public string ClassName { get; set; }

        [System.Diagnostics.CodeAnalysis.SuppressMessage("Microsoft.Usage",
         "CA2227:CollectionPropertiesShouldBeReadOnly")]
        public virtual ICollection<Student> Student { get; set; }
    }
}
```

Student 类实体属性如下：

```
namespace FirstMVCWeb.Models
{
    using System;
    using System.Collections.Generic;
    using System.ComponentModel.DataAnnotations;
    using System.ComponentModel.DataAnnotations.Schema;
    using System.Data.Entity.Spatial;

    [Table("Student")]
    public partial class Student
    {
```

```
        public int Id { get; set; }

        [Required]
        [StringLength(16)]
        public string Name { get; set; }

        public int Age { get; set; }

        [Required]
        [StringLength(16)]
        public string Mobile { get; set; }

        [StringLength(64)]
        public string Email { get; set; }

        public int ClassId { get; set; }

        public DateTime AddTime { get; set; }

        public virtual Class Class { get; set; }
    }
}
```

另外一个类 StudentContext 比较特殊，它被称作数据库访问上下文类，使用 Entity Framework 来操作数据库的时候，首先需要实例化该对象。数据库访问上下文类有一个特点，它继承自 DbContext：

```
using System;
using System.ComponentModel.DataAnnotations.Schema;
using System.Data.Entity;
using System.Linq;

namespace FirstMVCWeb.Models
{
    public partial class StudentContext : DbContext
    {
        public StudentContext()
            : base("name=StudentContext")
        {
        }

        public virtual DbSet<Class> Class { get; set; }
        public virtual DbSet<Student> Student { get; set; }

        protected override void OnModelCreating(DbModelBuilder modelBuilder)
        {
            modelBuilder.Entity<Class>()
```

```
                .HasMany(e => e.Student)
                .WithRequired(e => e.Class)
                .WillCascadeOnDelete(false);

            modelBuilder.Entity<Student>()
                .Property(e => e.Mobile)
                .IsUnicode(false);

            modelBuilder.Entity<Student>()
                .Property(e => e.Email)
                .IsUnicode(false);
        }
    }
}
```

至此，Entity Framework 创建完毕。

2.3 使用 Entity Framework 实现数据查询

创建完 Entity Framework 后，便可以通过它来操作数据库了。由于 Entity Framework 属于 ORM 框架中的一种，我们可以通过操作对象来达到操作数据表的目的，接下来就通过 Entity Framework 来实现关于数据的查询、添加、更新和删除。

首先通过 Entity Framework 实现数据的查询功能，在开始之前先创建一个新的控制器 StudentController，在该控制器里来实现与学生相关的一系列操作。

在 Controllers 文件夹上单击右键，选择“添加”→“控制器”，然后在打开的对话框中输入控制器的名称，如图 2-13 所示。

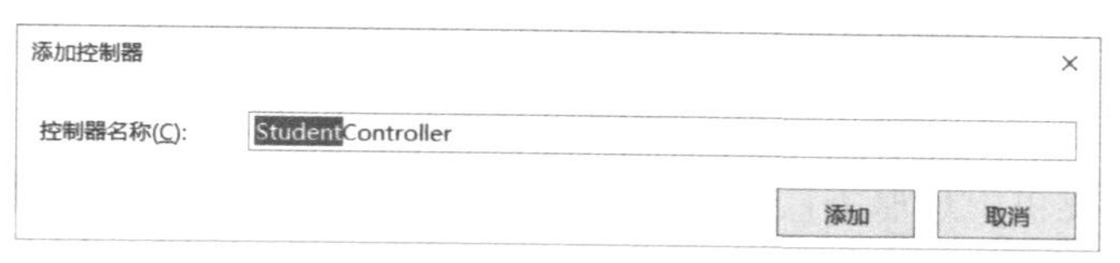

图 2-13　添加控制器

系统中的代码如下：

```
using System;
using System.Collections.Generic;
using System.Linq;
using System.Web;
using System.Web.Mvc;

namespace FirstMVCWeb.Controllers
```

```
{
    public class StudentController : Controller
    {
        // GET: Student
        public ActionResult Index()
        {
            return View();
        }
    }
}
```

2.3.1 实现基本列表查询

在使用 Entity Framework 进行查询时，可以通过 Lambda 表达式或 LINQ 语法进行操作。

“Lambda 表达式”是一个匿名函数，是一种高效的类似于函数式编程的表达式。Lambda 简化了开发中需要编写的代码量。它可以包含表达式和语句，并且可用于创建委托或表达式目录树类型，支持带有可绑定到委托或表达式树的输入参数的内联表达式。所有 Lambda 表达式都使用 Lambda 运算符=>，该运算符读作“goes to”。Lambda 运算符的左边是输入参数(如果有)，右边是表达式或语句块。Lambda 表达式 x => x * x 读作“x goes to x times x”。

LINQ 是 Language Integrated Query 的简称，它是集成在.NET 编程语言(例如 C#、VB.NET 等)中的一种特性，目的是为.NET Framework 提供更加通用和便利的信息查询方式，并且它对数据源提供了广泛的支持，而不仅仅局限于关系数据库和 XML。

LINQ 定义了一组标准查询操作符，用于在所有基于.NET 平台的编程语言中更加直接地声明跨越、过滤和投射操作的统一方式，标准查询操作符允许查询作用于所有基于 IEnumerable 接口的源，比如 Array、List、XML、DOM 或者是 SQL Server 数据表。它还允许适合于目标域或技术的第三方特定域操作符来扩大标准查询操作符集，更重要的是，第三方操作符可以提供附加服务，来自由地替换标准查询操作符，根据 LINQ 模式的习俗，这些查询喜欢采用与标准查询操作符相同的语言集成和工具支持。

接下来就以学生表为例来通过 Entity Framework 进行查询。

基本查询语法：

(1) Lambda 表达式：

```
db.对象名.ToList();
```

(2) LINQ 语法：

```
(from 变量名 in db.对象名 select 变量名).ToList();
```

说明：

为了更好地理解Lambda表达式和LINQ语法在Entity Framework中的使用方法和它们之间的区别，语法介绍部分采用伪代码的形式。使用Entity Framework首先需要实例化数据库访问上下文对象，其中db指代实例化出来的数据库访问上下文对象，如：

```
var db = new StudentContext()
```

示例：查询所有的学生信息。

使用Lambda表达式：

```
/// <summary>
/// 加载学生信息列表
/// </summary>
/// <returns></returns>
public ActionResult Index()
{
    using (var db = new StudentContext())
    {
        var list = db.Student.ToList();
        return View(list);
    }
}
```

使用LINQ语法：

```
/// <summary>
/// 加载学生信息列表
/// </summary>
/// <returns></returns>
public ActionResult Index()
{
    using (var db = new StudentContext())
    {
        var list = (from s in db.Student select s).ToList();
        return View(list);
    }
```

为了更好地显示查询结果，我们添加了一个新的视图，以便选择自带的列表模板来生成页面，其本质是利用强类型视图。有关强类型的具体内容会在后面的章节中做详细的介绍。具体操作如下：

(1) 在Action方法上右击，选择“添加视图”，在弹出的对话框中选择“MVC 5视图”，然后单击“添加”按钮，如图2-14所示。

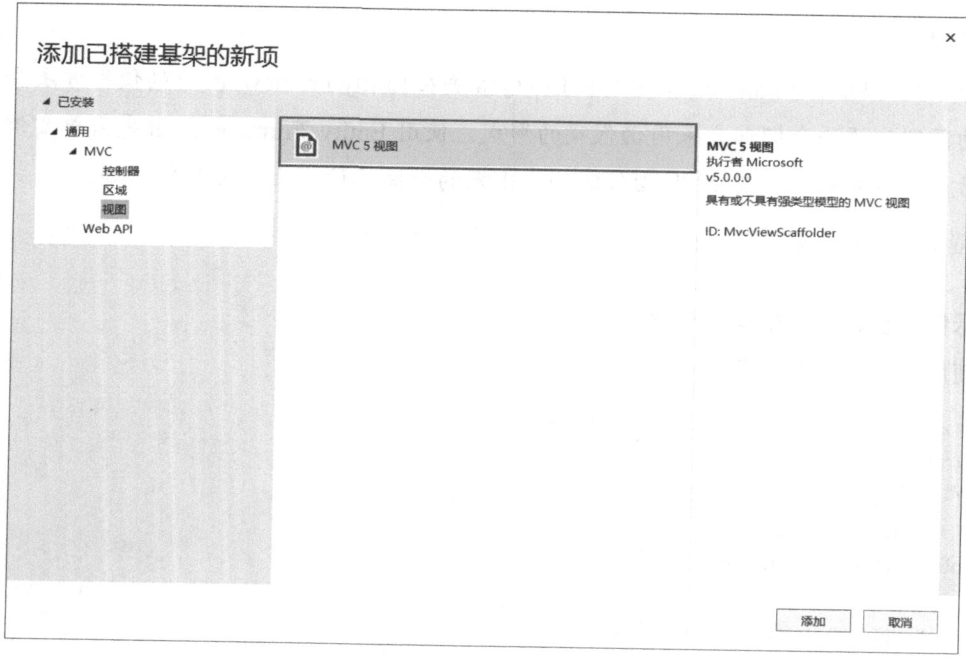

图 2-14　添加视图

(2) 在弹出的“添加视图”对话框中，为“模板”选择“List”，“模型类”选择“Student”，然后单击“添加”按钮，如图 2-15 所示。

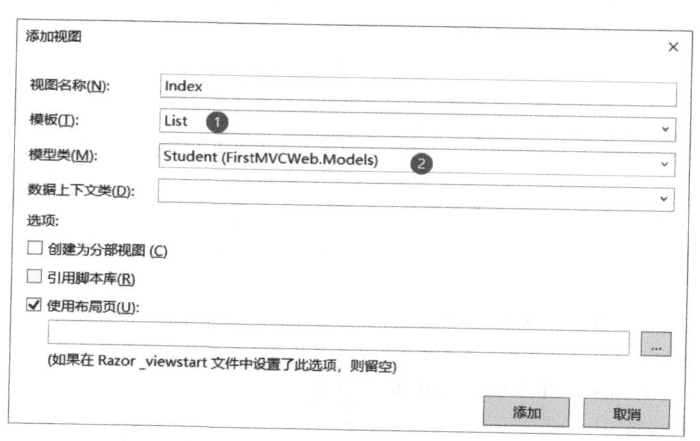

图 2-15　配置视图

默认生成的视图内容如下：

```
@model IEnumerable<FirstMVCWeb.Models.Student>

@{
    ViewBag.Title = "Index";
}

<h2>Index</h2>
```

```
<p>
    @Html.ActionLink("Create New", "Create")
</p>
<table class="table">
    <tr>
        <th>
            @Html.DisplayNameFor(model => model.Name)
        </th>
        <th>
            @Html.DisplayNameFor(model => model.Age)
        </th>
        <th>
            @Html.DisplayNameFor(model => model.Mobile)
        </th>
        <th>
            @Html.DisplayNameFor(model => model.Email)
        </th>
        <th>
            @Html.DisplayNameFor(model => model.ClassId)
        </th>
        <th>
            @Html.DisplayNameFor(model => model.AddTime)
        </th>
        <th></th>
    </tr>

@foreach (var item in Model) {
    <tr>
        <td>
            @Html.DisplayFor(modelItem => item.Name)
        </td>
        <td>
            @Html.DisplayFor(modelItem => item.Age)
        </td>
        <td>
            @Html.DisplayFor(modelItem => item.Mobile)
        </td>
        <td>
            @Html.DisplayFor(modelItem => item.Email)
        </td>
        <td>
            @Html.DisplayFor(modelItem => item.ClassId)
        </td>
        <td>
            @Html.DisplayFor(modelItem => item.AddTime)
        </td>
```

```
            <td>
                @Html.ActionLink("Edit", "Edit", new { id=item.Id }) |
                @Html.ActionLink("Details", "Details", new { id=item.Id }) |
                @Html.ActionLink("Delete", "Delete", new { id=item.Id })
            </td>
        </tr>
    }

</table>
```

可以看到该视图中对 Model 对象进行了 foreach 循环，而 Model 对象在这里指的即为 Action 返回的 List<Student>，其类型在视图的最上方通过@model IEnumerable<FirstMVCWeb.Models.Student>进行定义，@Html.DisplayFor 方法中是一个 Lambda 表达式，用来显示指定的属性值。

运行项目后，请求当前 Action，最终看到的页面如图 2-16 所示。

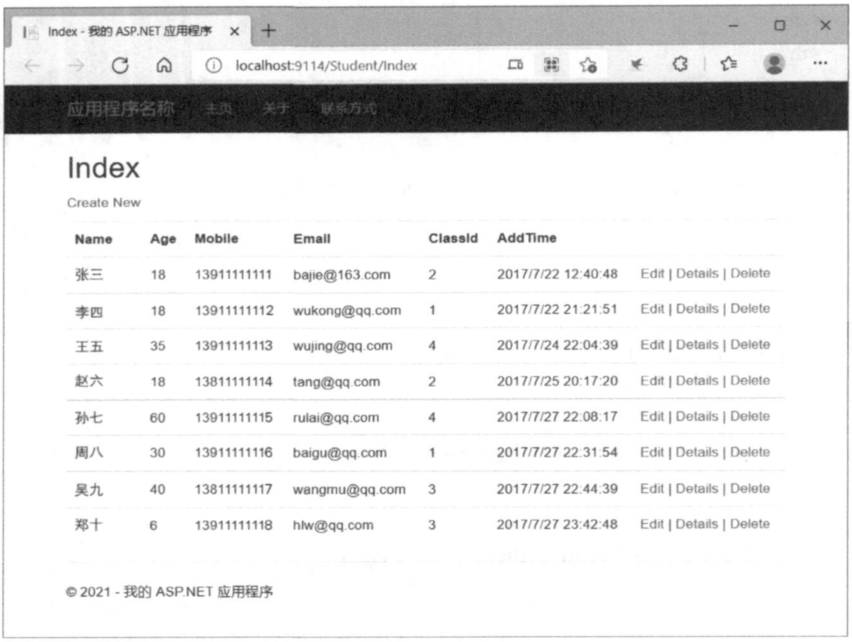

图 2-16　学生列表

由于采用了内置的默认模板，故显示的菜单和文案有些地方是英文的，我们可以根据需要在视图中进行相应的调整来满足实际需求，比如对标题、菜单、按钮等元素做相应的调整，并显示出学生的主键 Id 编号：

```
@model IEnumerable<FirstMVCWeb.Models.Student>

@{
    ViewBag.Title = "Index";
```

```
}

<h2>学生列表</h2>

<p>
    <a href="#" class="btn btn-success">添加学生</a>
</p>
<table class="table">
    <tr>
        <th>编号</th>
        <th>姓名</th>
        <th>年龄</th>
        <th>手机</th>
        <th>邮箱</th>
        <th>班级 Id</th>
        <th>添加时间</th>
        <th>操作</th>
    </tr>

    @foreach (var item in Model)
    {
        <tr>
            <td>
                @Html.DisplayFor(modelItem => item.Id)
            </td>
            <td>
                @Html.DisplayFor(modelItem => item.Name)
            </td>
            <td>
                @Html.DisplayFor(modelItem => item.Age)
            </td>
            <td>
                @Html.DisplayFor(modelItem => item.Mobile)
            </td>
            <td>
                @Html.DisplayFor(modelItem => item.Email)
            </td>
            <td>
                @Html.DisplayFor(modelItem => item.ClassId)
            </td>
            <td>
                @Html.DisplayFor(modelItem => item.AddTime)
            </td>
            <td>
                <a href="#" class="btn btn-warning">编辑</a>
                <a href="javascript:;" class="btn btn-danger">删除</a>
            </td>
```

```
            </tr>
        }

</table>
```

再次运行项目，浏览结果如图 2-17 所示。

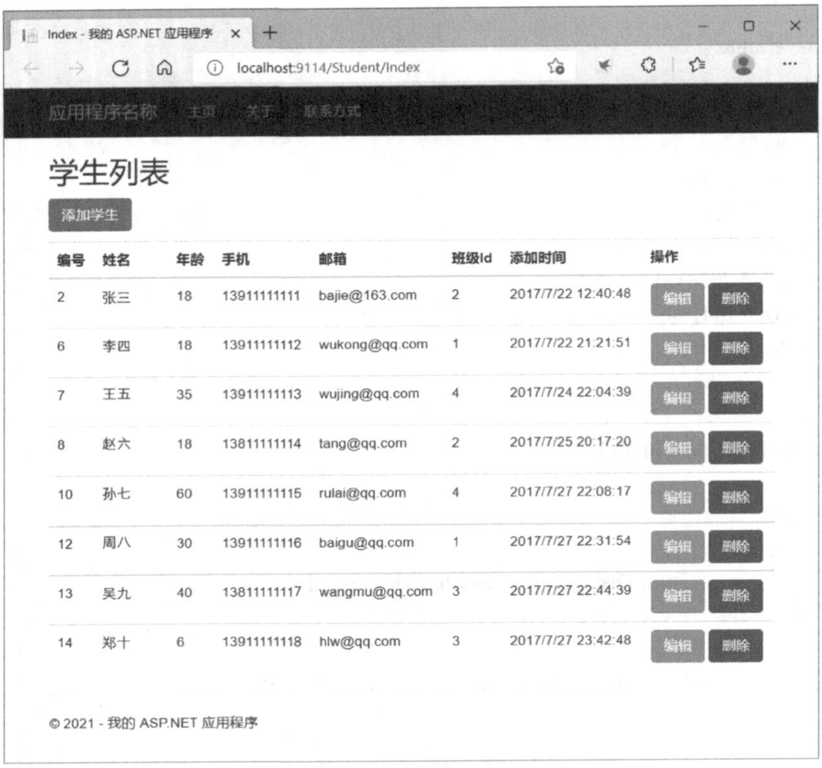

Index - 我的 ASP.NET 应用程序

localhost:9114/Student/Index

应用程序名称　主页　关于　联系方式

学生列表

添加学生

编号	姓名	年龄	手机	邮箱	班级Id	添加时间	操作
2	张三	18	13911111111	bajie@163.com	2	2017/7/22 12:40:48	编辑 删除
6	李四	18	13911111112	wukong@qq.com	1	2017/7/22 21:21:51	编辑 删除
7	王五	35	13911111113	wujing@qq.com	4	2017/7/24 22:04:39	编辑 删除
8	赵六	18	13811111114	tang@qq.com	2	2017/7/25 20:17:20	编辑 删除
10	孙七	60	13911111115	rulai@qq.com	4	2017/7/27 22:08:17	编辑 删除
12	周八	30	13911111116	baigu@qq.com	1	2017/7/27 22:31:54	编辑 删除
13	吴九	40	13811111117	wangmu@qq.com	3	2017/7/27 22:44:39	编辑 删除
14	郑十	6	13911111118	hlw@qq.com	3	2017/7/27 23:42:48	编辑 删除

© 2021 - 我的 ASP.NET 应用程序

图 2-17　优化后的学生列表

2.3.2 实现条件查询

在实际查询的过程中有些时候并不是直接查询出所有的数据，通常会筛选出一部分数据，这时就需要按照指定的条件去查询数据，而 Entity Framework 也提供了非常方便的查询方法。

条件查询语法：

(1) Lambda 表达式

```
db.对象名.Where(条件表达式).ToList();
```

(2) LINQ 语法

```
(from 变量名 in db.对象名 where 条件表达式 select 变量名).ToList();
```

示例：查询出年龄大于 18 岁的学生

使用 Lambda 表达式：

```
/// <summary>
/// 加载学生信息列表
/// </summary>
/// <returns></returns>
public ActionResult Index()
{
    using (var db = new StudentContext())
    {
        var list = db.Student.Where(e => e.Age > 18).ToList();
        return View(list);
    }
}
```

使用 LINQ 语法：

```
/// <summary>
/// 加载学生信息列表
/// </summary>
/// <returns></returns>
public ActionResult Index()
{
    using (var db = new StudentContext())
    {
        var list = (from s in db.Student where s.Age>18 select s).ToList();
        return View(list);
    }
}
```

运行项目后，显示效果如图 2-18 所示。

图 2-18　筛选后的学生列表

2.3.3 实现按条件排序

有时候在显示数据列表的时候，需要对查询出来的数据进行排序，比如按照添加时间来排序，按照编号从大到小来排序，按照年龄从小到大来排序等。在 Entity Framework 中也可以非常方便地使用 Lambda 表达式或 LINQ 语法按照某个字段属性来进行排序，同时也支持正序和倒序。

条件查询语法：

(1) Lambda 表达式

```
db.对象名. OrderBy (排序属性 Lambda).ToList();    //正序
db.对象名. OrderByDescending (排序属性 Lambda).ToList();    //倒序
```

(2) LINQ 语法

```
(from 变量名 in db.对象名 orderby 变量名.排序属性 select 变量名).ToList();    //正序
(from 变量名 in db.对象名 orderby 变量名.排序属性 descending select 变量名).ToList();    //倒序
```

示例：查询所有学生信息，并按照年龄从大到小进行排序

使用 Lambda 表达式：

```
/// <summary>
/// 加载学生信息列表
/// </summary>
/// <returns></returns>
public ActionResult Index()
{
    using (var db = new StudentContext())
    {
        //var list = db.Student.OrderBy(e=>e.Age).ToList();    //正序
        var list = db.Student.OrderByDescending(e => e.Age).ToList();    //倒序
        return View(list);
    }
}
```

使用 LINQ 语法：

```
/// <summary>
/// 加载学生信息列表
/// </summary>
/// <returns></returns>
public ActionResult Index()
{
    using (var db = new StudentContext())
    {
        //var list = (from s in db.Student orderby s.Age select s).ToList(); //正序
        var list = (from s in db.Student orderby s.Age descending select s).ToList(); //倒序
```

```
            return View(list);
        }
    }
```

运行项目后，显示效果如图 2-19 所示。

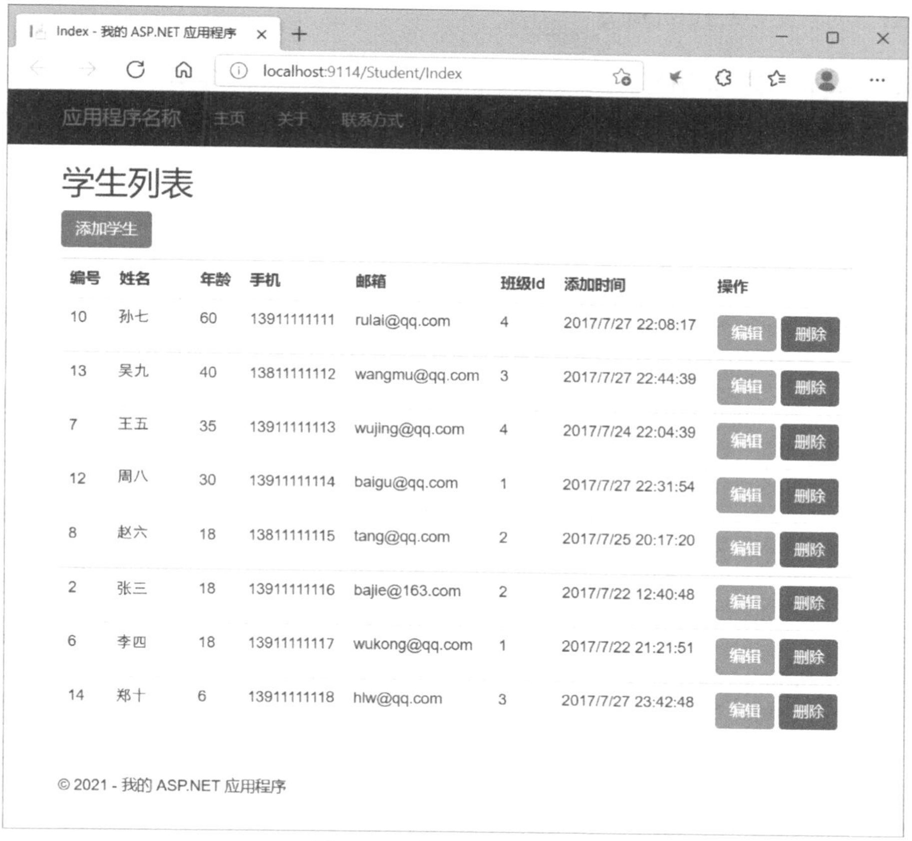

Index - 我的 ASP.NET 应用程序

localhost:9114/Student/Index

应用程序名称 主页 关于 联系方式

学生列表

添加学生

编号	姓名	年龄	手机	邮箱	班级Id	添加时间	操作
10	孙七	60	13911111111	rulai@qq.com	4	2017/7/27 22:08:17	编辑 删除
13	吴九	40	13811111112	wangmu@qq.com	3	2017/7/27 22:44:39	编辑 删除
7	王五	35	13911111113	wujing@qq.com	4	2017/7/24 22:04:39	编辑 删除
12	周八	30	13911111114	baigu@qq.com	1	2017/7/27 22:31:54	编辑 删除
8	赵六	18	13811111115	tang@qq.com	2	2017/7/25 20:17:20	编辑 删除
2	张三	18	13911111116	bajie@163.com	2	2017/7/22 12:40:48	编辑 删除
6	李四	18	13911111117	wukong@qq.com	1	2017/7/22 21:21:51	编辑 删除
14	郑十	6	13911111118	hlw@qq.com	3	2017/7/27 23:42:48	编辑 删除

© 2021 - 我的 ASP.NET 应用程序

图 2-19　排序后的学生列表

2.3.4 联表查询

通过对上述几节的学习，可以知道查询基本上都是围绕着一张表展开的，然而在实际的开发过程中很多时候我们最终看到的数据都来自多个表，此时就需要通过联表查询来实现多个表之间的查询。

联表查询语法：

(1) Lambda 表达式

```
db.对象名 1.Join(db.对象名 2,变量 1=>变量 1.关联属性,变量 2=>变量 2.关联属性,(变量 1,变量 2)=>
                新对象属性赋值).ToList();
```

(2) LINQ 语法

```
(from 变量名 1 in db.对象名 1
 Join 变量名 2 in db.对象名 2
 on 变量名 1.关联属性 equals 变量名 2.关联属性
 select 新对象属性赋值).ToList();
```

示例：查询所有学生信息，要求在列表中显示出学生的班级信息

通过分析可知，若需要在列表中显示班级名称，如果视图使用的还是 Student 类，则不好获取班级名称这个属性，因为 Student 类中的属性是 ClassId，所以可以根据页面的需要创建一个新的实体模型，这类模型我们称之为 ViewModel(视图模型)。

在当前项目中添加一个新的文件夹“ViewModels”，然后在该文件夹里添加一个 StudentViewModel 类：

```
using System;
using System.Collections.Generic;
using System.Linq;
using System.Web;

namespace FirstMVCWeb.ViewModels
{
    public class StudentViewModel
    {
        public int Id { get; set; }
        public string Name { get; set; }
        public int Age { get; set; }
        public string Mobile { get; set; }
        public string Email { get; set; }
        public string ClassName { get; set; }
        public DateTime AddTime { get; set; }
    }
}
```

视图模型创建好之后，在查询的时候就可以向视图返回该类型的集合。使用 Lambda 表达式：

```
/// <summary>
/// 加载学生信息列表
/// </summary>
/// <returns></returns>
public ActionResult Index()
{
    using (var db = new StudentContext())
    {
        var list = db.Student.Join(db.Class, s => s.ClassId, c => c.Id, (s, c) =>
```

```
                    new StudentViewModel()
                    {
                        Id = s.Id,
                        AddTime = s.AddTime,
                        Age = s.Age,
                        ClassName = c.ClassName,
                        Email = s.Email,
                        Mobile = s.Mobile,
                        Name = s.Name
                    }).ToList();

            return View(list);
        }
    }
```

使用 LINQ 语法：

```
/// <summary>
/// 加载学生信息列表
/// </summary>
/// <returns></returns>
public ActionResult Index()
{
    using (var db = new StudentContext())
    {
        var list = (from s in db.Student
                    join c in db.Class
                    on s.ClassId equals c.Id
                    select new StudentViewModel()
                    {
                        Id = s.Id,
                        AddTime = s.AddTime,
                        Age = s.Age,
                        ClassName = c.ClassName,
                        Email = s.Email,
                        Mobile = s.Mobile,
                        Name = s.Name
                    }).ToList();

        return View(list);
    }
}
```

由于返回的集合类型发生了改变，所以需要修改 Index 视图中的相关内容，首先在头部修改该视图的实体类型：

```
@model IEnumerable<FirstMVCWeb.ViewModels.StudentViewModel>
```

然后修改表格的显示内容，由原来的班级 ID 改为班级名称，该视图的完整代码如下：

```
@model IEnumerable<FirstMVCWeb.ViewModels.StudentViewModel>

@{
    ViewBag.Title = "Index";
}

<h2>学生列表</h2>

<p>
    <a href="#" class="btn btn-success">添加学生</a>
</p>
<table class="table">
    <tr>
        <th>编号</th>
        <th>姓名</th>
        <th>年龄</th>
        <th>手机</th>
        <th>邮箱</th>
        <th>班级名称</th>
        <th>添加时间</th>
        <th>操作</th>
    </tr>

    @foreach (var item in Model)
    {
        <tr>
            <td>
                @Html.DisplayFor(modelItem => item.Id)
            </td>
            <td>
                @Html.DisplayFor(modelItem => item.Name)
            </td>
            <td>
                @Html.DisplayFor(modelItem => item.Age)
            </td>
            <td>
                @Html.DisplayFor(modelItem => item.Mobile)
            </td>
            <td>
                @Html.DisplayFor(modelItem => item.Email)
            </td>
            <td>
                @Html.DisplayFor(modelItem => item.ClassName)
            </td>
            <td>
```

```
                    @Html.DisplayFor(modelItem => item.AddTime)
                </td>
                <td>
                    <a href="#" class="btn btn-warning">编辑</a>
                    <a href="javascript:;" class="btn btn-danger">删除</a>
                </td>
            </tr>
        }

    </table>
```

运行项目后，显示效果如图 2-20 所示。

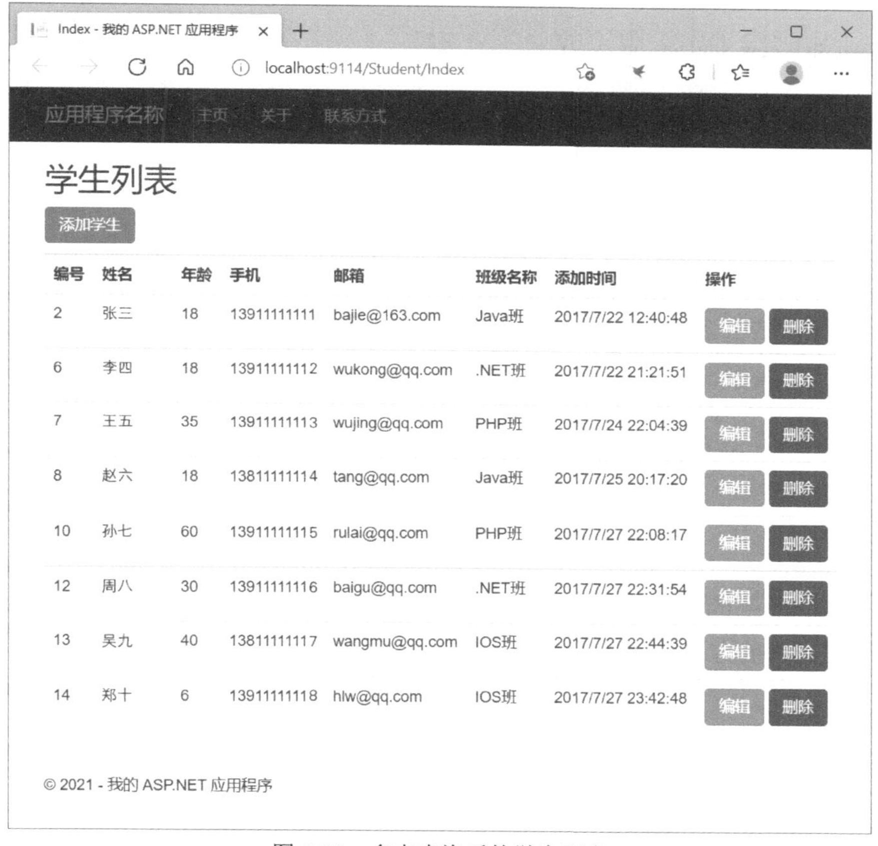

图 2-20　多表查询后的学生列表

在上述的实现过程中，采用了比较常规的联表查询，除了这种方式之外还可以利用 Entity Framework 中的导航属性这个特性进行查询。

导航属性为在两个实体类型间导航关联提供了一种方式。针对对象参与到其中的每个关系，各对象均具有导航属性。使用导航属性，可以在两个方向上导航和管理关系，返回引用对象或集合。

打开 Models 文件夹中由 Entity Framework 生成的 Student.cs 和 Class.cs，会发现其中会

有一个非常特殊的属性，其特征是被 virtual 关键字修饰的，这样的属性即为导航属性：

Student.cs 中：

```
public virtual Class Class { get; set; }
```

Class.cs 中：

```
public virtual ICollection<Student> Student { get; set; }
```

由于在数据库中设置了 Student 表和 Class 表的主外键关系，则在 Entity Framework 生成的实体中会通过导航属性的形式来体现，所以要实现联表查询，也可以通过导航属性来实现，具体使用如下：

```
using (var db = new StudentContext())
{
    var list = db.Student.Select(s =>
        new StudentViewModel()
        {
            Id = s.Id,
            AddTime = s.AddTime,
            Age = s.Age,
            ClassName = s.Class.ClassName,
            Email = s.Email,
            Mobile = s.Mobile,
            Name = s.Name
        }).ToList();

    return View(list);
}
```

在上述代码中，使用了 Select 方法，该方法的作用是投射，返回一个新的集合，该方法广泛应用在查询的方法中。

2.4 使用 Entity Framework 实现数据添加

本节通过 Entity Framework 实现数据的添加，在使用原生的 ADO.NET 的情况下要实现数据添加，需要用到 insert SQL 语句，而现在利用了 Entity Framework 这种 ORM 框架后，又该如何通过它来实现添加操作呢？

语法：

```
db.对象名.Add(对象);        //将对象放入 Entity Framework 容器中，标记为添加
db.SaveChanges();           //执行写入数据库操作，将数据进行持久化
```

示例：实现学生信息的添加。

通过分析，我们知道需要输入的信息有姓名、年龄、手机号、邮箱和班级 ID 这些内容，然后根据这些属性封装一个实体。由于这些属性也来自页面视图，所以可以在 ViewModels 文件夹中添加一个新的视图模型 StudentAddViewModel：

```
using System;
using System.Collections.Generic;
using System.Linq;
using System.Web;

namespace FirstMVCWeb.ViewModels
{
    public class StudentAddViewModel
    {
        public string Name { get; set; }
        public int Age { get; set; }
        public string Mobile { get; set; }
        public string Email { get; set; }
        public int ClassId { get; set; }
    }
}
```

注意：

在实际开发过程中，由 Entity Framework 自动生成的这些实体通常只负责最终和数据库的交互，而不参与到业务逻辑中，所以在进行显示、添加、更新等操作的时候，需要创建一个新的实体，比如 ViewModel，该模型可以参与到业务逻辑中。这样做的好处是可以根据实际需求灵活改变实体的属性，并且由 Entity Framework 生成的实体与数据库映射关系不受影响。

为了实现添加，在 StudentController 中添加一个新的 Action 来显示添加页面：

```
/// <summary>
/// 加载添加页面
/// </summary>
/// <returns></returns>
public ActionResult Add()
{
    return View();
}
```

然后添加新的视图，在添加视图对话框中，为“模板”选择 Create 选项，“模型类”选择“StudentAddViewModel”，然后单击“添加”按钮，如图 2-21 所示。

添加视图

视图名称(N): Add

模板(T): Create ①

模型类(M): StudentAddViewModel (FirstMVCWeb.ViewModels) ②

数据上下文类(D):

选项:

☐ 创建为分部视图 (C)

☐ 引用脚本库(R)

☑ 使用布局页(U):

(如果在 Razor _viewstart 文件中设置了此选项，则留空)

添加 取消

图 2-21　选择模型类

接下来修改自动生成的视图模板，如自带的显示文案、链接等。

```
@model FirstMVCWeb.ViewModels.StudentAddViewModel

@{
    ViewBag.Title = "Add";
}

<h2>添加学生</h2>

@using (Html.BeginForm())
{
    @Html.AntiForgeryToken()

    <div class="form-horizontal">

        <hr />
        @Html.ValidationSummary(true, "", new { @class = "text-danger" })
        <div class="form-group">
            <label class="control-label col-md-2">姓名</label>
            <div class="col-md-10">
                @Html.EditorFor(model => model.Name, new { htmlAttributes = new { @class =
                                    "form-control" } })
                @Html.ValidationMessageFor(model => model.Name, "", new { @class =
                                                "text-danger" })
            </div>
        </div>

        <div class="form-group">
            <label class="control-label col-md-2">年龄</label>
            <div class="col-md-10">
                @Html.EditorFor(model => model.Age, new { htmlAttributes = new { @class =
                                    "form-control" } })
                @Html.ValidationMessageFor(model => model.Age, "", new { @class =
```

```
                                                    "text-danger" })
            </div>
        </div>

        <div class="form-group">
            <label class="control-label col-md-2">手机</label>
            <div class="col-md-10">
                @Html.EditorFor(model => model.Mobile, new { htmlAttributes = new { @class =
                                        "form-control" } })
                @Html.ValidationMessageFor(model => model.Mobile, "", new { @class =
                                                    "text-danger" })
            </div>
        </div>

        <div class="form-group">
            <label class="control-label col-md-2">邮箱</label>
            <div class="col-md-10">
                @Html.EditorFor(model => model.Email, new { htmlAttributes = new { @class =
                                        "form-control" } })
                @Html.ValidationMessageFor(model => model.Email, "", new { @class =
                                                    "text-danger" })
            </div>
        </div>

        <div class="form-group">
            <label class="control-label col-md-2">班级 Id</label>
            <div class="col-md-10">
                @Html.EditorFor(model => model.ClassId, new { htmlAttributes = new { @class =
                                        "form-control" } })
                @Html.ValidationMessageFor(model => model.ClassId, "", new { @class =
                                                    "text-danger" })
            </div>
        </div>

        <div class="form-group">
            <div class="col-md-offset-2 col-md-10">
                <input type="submit" value="添加" class="btn btn-default" />
            </div>
        </div>
    </div>
}

<div>
    @Html.ActionLink("返回列表", "Index")
</div>
```

页面效果如图 2-22 所示。

图 2-22　添加学生页面

说明：

关于班级信息，此处默认为输入 ID，正常情况下应为下拉框，供用户选择。在后续章节中会介绍视图中下拉框的使用，本单元不做讨论。

要实现数据的提交，需要在 StudentController 中定义一个 Action，用来接收用户提交过来的请求，并利用 Entity Framework 实现学生信息的添加。

```
/// <summary>
/// 提交学生信息
/// </summary>
/// <param name="viewModel"></param>
/// <returns></returns>
[HttpPost]
public ActionResult Add(StudentAddViewModel viewModel)
{
    using (var db=new StudentContext())
    {
        //实例化学生对象
        var model = new Student()
        {
            AddTime = DateTime.Now,
            Age = viewModel.Age,
            Name = viewModel.Name,
            Mobile = viewModel.Mobile,
            ClassId = viewModel.ClassId,
            Email = viewModel.Email
        };
```

```
            //将对象放入 EF 容器中，标记为添加
            db.Student.Add(model);

            //执行写入数据库操作，将数据进行持久化
            db.SaveChanges();

            //添加后跳转至列表页面
            return RedirectToAction("Index");
        }
    }
```

至此，便实现了添加学生信息的操作。

2.5 使用 Entity Framework 实现数据更新

对于更新的操作，我们知道在 ADO.NET 中是通过 update 语句完成的，本节将介绍如何通过 Entity Framework 操作实体实现数据的更新。

在 Entity Framework 中提供了方便更新数据的方法，基本思路是先将数据查询出来，然后修改相关属性，最后保存至数据库中，实现步骤如下：

(1) 根据条件查询出要修改的实体。

```
db.对象名.FirstOrDefault(查询条件 Lambda);
```

(2) 更新当前实体的属性值。

(3) 执行更新数据操作，将数据进行持久化。

```
db.SaveChanges();
```

示例：实现学生信息的更新操作。

首先在 ViewModels 文件夹中添加一个用来编辑学生信息的视图模型 StudentEditViewModel，通过分析发现编辑的时候需要操作的实体对象的属性和添加时大致相同，唯一的区别在于多了一个 Id 属性，所以在创建 StudentEditViewModel 对象时可以继承自 StudentAddViewModel。

```
using System;
using System.Collections.Generic;
using System.Linq;
using System.Web;

namespace FirstMVCWeb.ViewModels
{
    public class StudentEditViewModel : StudentAddViewModel
```

```
        {
            public int Id { get; set; }
        }
    }
```

然后在 StudentController 中添加一个新的 Action 方法，用来加载编辑的视图并显示当前要编辑的学生的信息：

```
/// <summary>
/// 加载编辑页面
/// </summary>
/// <param name="id"></param>
/// <returns></returns>
public ActionResult Edit(int id)
{
    using (var db = new StudentContext())
    {
        var model = db.Student.FirstOrDefault(e => e.Id == id);
        if(model!=null)
        {
            var viewModel = new StudentEditViewModel();
            viewModel.Id = id;
            viewModel.Name = model.Name;
            viewModel.Mobile = model.Mobile;
            viewModel.ClassId = model.ClassId;
            viewModel.Email = model.Email;
            viewModel.Age = model.Age;
            return View(viewModel);
        }
        return HttpNotFound();
    }
}
```

接下来添加新的视图，在“添加视图”对话框中，为“模板”选择“Edit”选项，为“模型类”选择“StudentEditViewModel”，然后单击“添加”按钮，如图 2-23 所示。

图 2-23 选择模型类

同样，对自动生成的模板中的文案、链接等进行相应的修改：

```
@model FirstMVCWeb.ViewModels.StudentEditViewModel

@{
    ViewBag.Title = "Edit";
}

<h2>编辑学生</h2>

@using (Html.BeginForm())
{
    @Html.AntiForgeryToken()

    <div class="form-horizontal">
        <hr />
        @Html.ValidationSummary(true, "", new { @class = "text-danger" })
        <div class="form-group">
            <label class="control-label col-md-2">姓名</label>
            <div class="col-md-10">
                @Html.EditorFor(model => model.Name, new { htmlAttributes = new { @class =
                                        "form-control" } })
                @Html.ValidationMessageFor(model => model.Name, "", new { @class =
                                        "text-danger" })
            </div>
        </div>

        <div class="form-group">
            <label class="control-label col-md-2">年龄</label>
            <div class="col-md-10">
                @Html.EditorFor(model => model.Age, new { htmlAttributes = new { @class =
                                        "form-control" } })
                @Html.ValidationMessageFor(model => model.Age, "", new { @class =
                                        "text-danger" })
            </div>
        </div>

        <div class="form-group">
            <label class="control-label col-md-2">手机</label>
            <div class="col-md-10">
                @Html.EditorFor(model => model.Mobile, new { htmlAttributes = new { @class =
                                        "form-control" } })
                @Html.ValidationMessageFor(model => model.Mobile, "", new { @class =
                                        "text-danger" })
            </div>
        </div>
```

```
            <div class="form-group">
                <label class="control-label col-md-2">邮箱</label>
                <div class="col-md-10">
                    @Html.EditorFor(model => model.Email, new { htmlAttributes = new { @class =
                                       "form-control" } })
                    @Html.ValidationMessageFor(model => model.Email, "", new { @class =
                                                    "text-danger" })
                </div>
            </div>

            <div class="form-group">
                <label class="control-label col-md-2">班级 Id</label>
                <div class="col-md-10">
                    @Html.EditorFor(model => model.ClassId, new { htmlAttributes = new { @class =
                                       "form-control" } })
                    @Html.ValidationMessageFor(model => model.ClassId, "", new { @class =
                                                    "text-danger" })
                </div>
            </div>

            @Html.HiddenFor(model => model.Id)

            <div class="form-group">
                <div class="col-md-offset-2 col-md-10">
                    <input type="submit" value="更新" class="btn btn-default" />
                </div>
            </div>
        </div>
    }

    <div>
        @Html.ActionLink("返回列表", "Index")
    </div>
```

然后在列表页面的视图中添加跳转至编辑页面的超链接，修改“编辑”按钮的 href 属性：

```
<a href="/Student/Edit/@item.Id" class="btn btn-warning">编辑</a>
```

运行项目，从列表页面单击“编辑”按钮后，显示效果如图 2-24 所示。

图 2-24　编辑学生页面

接下来添加一个新的 Action 方法以接收更新的请求，并将修改好的信息更新至数据库中，此时利用 Entity Framework 来实现更新：

```
/// <summary>
/// 更新学生
/// </summary>
/// <param name="viewModel"></param>
/// <returns></returns>
[HttpPost]
public ActionResult Edit(StudentEditViewModel viewModel)
{
    using (var db = new StudentContext())
    {
        //查询出要编辑的学生
        var model = db.Student.FirstOrDefault(e => e.Id == viewModel.Id);
        if (model != null)
        {
            //修改学生的信息
            model.Name = viewModel.Name;
            model.Mobile = viewModel.Mobile;
            model.ClassId = viewModel.ClassId;
            model.Email = viewModel.Email;
            model.Age = viewModel.Age;

            //更新至数据库中
            db.SaveChanges();

            //更新后跳转至列表页面
            return RedirectToAction("Index");
        }
        return HttpNotFound();
    }
}
```

至此，便实现了学生信息的更新操作。

2.6 使用 Entity Framework 实现数据删除

通过对前面内容的学习，我们学会了如何通过 Entity Framework 来实现查询、添加和编辑操作。对于数据的基本操作还有一个删除操作，本节我们将一起学习利用 Entity Framework 是如何实现数据删除的。

利用 Entity Framework 实现数据的删除非常简单，通常情况下需要根据数据的主键 id 来进行删除操作，其步骤如下：

(1) 根据条件查询出要删除的实体。

```
db.对象名.FirstOrDefault(查询条件 Lambda);
```

(2) 将该对象标记为删除。

```
db.对象名.Remove(对象);
```

(3) 执行删除数据操作，对数据进行持久化。

```
db.SaveChanges();
```

示例：实现学生信息的删除。

首先在 StudentController 控制器中添加一个新的 Action 方法，用来根据 id 进行学生信息的删除。

```
/// <summary>
/// 删除学生信息
/// </summary>
/// <param name="id"></param>
/// <returns></returns>
public ActionResult Delete(int id)
{
    using (var db = new StudentContext())
    {
        //查询要删除的学生信息
        var model = db.Student.FirstOrDefault(e => e.Id == id);
        if (model != null)
        {
            //将学生标记为删除
            db.Student.Remove(model);

            //执行删除操作
            db.SaveChanges();
```

```
            //更新后跳转至列表页面
            return RedirectToAction("Index");
        }
        return HttpNotFound();

    }
}
```

然后在列表页面将“删除”按钮的 href 属性改为删除的 Action 方法：

```
<a href="/Student/Delete/@item.Id" class="btn btn-danger">删除</a>
```

这样在单击“删除”按钮的时候就会删除当前学生的信息。

单元小结

- ORM 框架主要实现程序对象到关系数据库数据的映射。
- Entity Framework 是微软官方提供的 ORM 工具。
- Entity Framework 是微软以 ADO.NET 为基础发展出来的对象—关系映射(O-R Mapping)解决方案。
- 使用 Entity Framework 操作数据库主要是利用 LINQ 语法或者 Lambda 表达式。

单元自测

选择题

1. ORM 框架中 ORM 指的是(　　)。

   A. 对象-实体-映射　　B. 对象-关系-映射

   C. 关系-对象-映射　　D. 实体-对象-映射

2. Entity Framework 中的导航属性被(　　)关键数字修饰。

   A. class　　B. enum

   C. virtual　　D. partial

3. 在 Lambda 表达式中要想将一个集合映射为另一个新的集合，应使用(　　)方法。

   A. Select()　　B. Join()

   C. Where()　　D. FirstOrDefault()

4. 关于 ORM 框架，以下描述不正确的是(　　)。
   A. 使用 ORM 框架在一定程度上可以避免 SQL 注入攻击
   B. 利用 ORM 框架，能够显著提高开发效率
   C. 即使使用了 ORM 框架，最终还是会向数据库发送 SQL 命令
   D. Entity Framework 是微软的一个 ORM 框架，和 ADO.NET 没有关系
5. 在 Lambda 中如果要筛选集合，需要用到(　　)标准查询运算符。
   A. Select()　　　　B. Where()
   C. Count()　　　　D. OrderBy()

■ 问答题

1. 什么是 ORM 框架？

2. 利用 Entity Framework 实现数据查询的方式有哪些？

上机实战

■ 练习：利用 ASP.NET MVC 结合 Entity Framework 实现图书管理

数据库名称为 BookManagement，包括表 2-3 和表 2-4。

表 2-3　书籍表

表名：		Book(书籍)表		
主键：		ID		
序号	字段名称	类型	约束	说明
1	Id	int	主键，标识列	图书 id
2	Name	nvarchar(32)	不能为空	书名
3	Price	decimal(16,2)	不能为空	价格
4	Author	nvarchar(32)	不能为空	作者
5	ISBN	nvarchar(32)	不能为空	出版编号
7	PublisherId	int	不能为空	出版社 ID
8	AddTime	datetime	不能为空	添加时间

表 2-4　出版社表

表名：		Publisher(出版社)表		
主键：		ID		
序号	字段名称	类型	约束	说明
1	Id	int	主键，标识列	出版社 id
2	Name	nvarchar(32)	不能为空	出版社名称

任务要求(注：界面样式仅供参考)

(1) 【数据库】创建数据库 BookManagement。

(2) 【数据表】创建数据表 Book、Publisher，并添加相关约束。

(3) 【测试数据】至少添加 5 条测试数据。

(4) 【项目架构】创建 ASP.NET Web Form，数据访问层采用 Entity Framework。

(5) 【书本列表】利用 Repeater 控件完成书本列表的数据显示，如图 2-25 所示。

书本列表

编号	书名	价格	作者	ISBN	出版社	操作
1	人间失格	18.80	太宰治	9787506380263	化学工业出版社	修改 删除
2	你当像鸟飞往你的山	59.00	塔拉　韦斯特弗	9787544276986	上海文化出版社	修改 删除
3	活着	28.00	余华	9787506365437	中信出版社	修改 删除
4	神奇校车	133.50	乔安娜柯尔	9787221116604	化学工业出版社	修改 删除
5	少年读史记	95.00	张嘉骅	9787555225560	南方出版社	修改 删除

添加

图 2-25　书本列表

(6) 【添加书本】单击“添加”按钮，实现对书本的添加，要求进行非空验证，添加成功后在页面上进行提示，如图 2-26 所示。

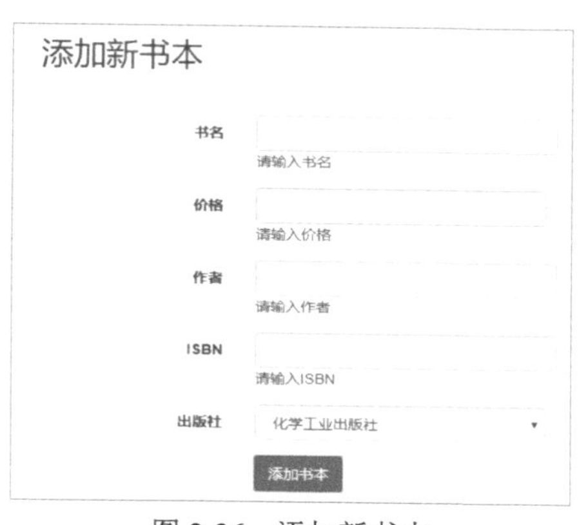

图 2-26　添加新书本

(7)【编辑书本】单击“编辑书本”按钮后获取到单击的书本 id 并跳转到编辑信息页面，显示要编辑的书本信息，单击“编辑书本”按钮后实现对书本信息的编辑，编辑成功后在页面中进行提示，如图 2-27 所示。

图 2-27　编辑书本

(8)【删除书本】单击“删除”按钮后弹出确认框，当用户单击“删除”按钮后利用 Ajax 实现对书本信息的删除，删除成功后弹出成功提示，并刷新当前页面，如图 2-28 所示。

图 2-28　删除书本

View(视图)

课程目标

❖ 掌握 View 和 Action 之间传递数据的几种方式

❖ 了解 Razor 视图引擎

❖ 掌握 Layout 布局页的使用方法

❖ 掌握部分视图的使用方法

❖ 掌握强类型视图的使用方法

 **简介**

在“模型-视图-控制器(MVC)”模式中，视图负责处理应用的数据显示和用户交互。在一个Web应用程序中，和用户交互最多的就是页面。页面中各种各样的数据呈现和用户与系统之间实现交互，而实现这些功能正是由于视图具有的强大功能。

在ASP.NET MVC开发模式中，内置了Razor视图引擎。通过该引擎，开发者可以方便快速地实现页面的内容渲染，本单元将介绍视图中的相关功能。其中Layout布局页相当于模板，可以使Web应用程序拥有一个统一的布局效果；部分视图可以将页面中内容相同的功能单独抽离出来，其他页面如果想要使用类似的功能只需要引用即可，从而达到复用的目的；除此之外，还可以使用Razor视图中的强类型视图来快速高效地实现表单提交和列表的显示。

3.1 View和Action之间的数据传递

在ASP.NET MVC这种开发模式中，Action用来接收请求、处理逻辑和响应结果，页面上看到的各种各样的数据信息也基本都是通过Action进行处理后返回给视图的，在ASP.NET MVC中我们可以根据需要通过多种方式来实现View和Action之间的数据传递。

View和Action之间前后台数据传递的方式有如下几种：

3.1.1 使用弱类型ViewData

语法：

在Action中使用ViewData["Key"]=value进行赋值，其中value可以为任意类型的值，如：

```
ViewData["Name"]="张三";
```

在View视图中通过键名称来取值，如：

```
您的姓名：<p> @ViewData["Name"]</p>
```

3.1.2 使用动态类型 ViewBag

语法：

在 Action 中使用 ViewBag.Key=value 进行赋值，其中 value 可以为任意类型的值，如：

```
ViewBag.Name="张三";
```

在 View 视图中通过键名称取值，如：

```
您的姓名：<p> @ViewBag["Name"]</p>
```

3.1.3 结合强类型视图使用 Model

语法：

先添加一个 User 类：

```
public class User
{
    public string Name { get; set; }
    public int Age { get; set; }
}
```

在 Action 中对 User 类的属性进行赋值，在 return View()返回视图结果的时候传入参数：

```
public ActionResult Index()
{
    var model = new User() { Age = 18, Name = "张三" };
    return View(model);
}
```

使用强类型视图，用法为“@model 类型”，写在 View 最上面，其中@ViewData.Model(一般直接简写为@Model)、@HTML.xxFor＝＞x.**)。

在 Index 视图中先在最上方指定当前视图的数据类型：

```
@model HPIT.MVC.Models.User
```

在当前视图中使用的时候通过 Model 来访问其属性成员：

```
您的姓名：<p> @Model.Name</p>
```

3.1.4 使用“临时存储”TempData

语法：

在 Action 中使用 TempData[Key]=value 进行赋值，其中 value 可以为任意类型的值，如：

```
TempData["Name"]="张三";
```

在 View 视图中通过键名称来取值，如：

```
您的姓名：<p> @ TempData ["Name"]</p>
```

示例：实现在王者荣耀中为最新英雄排名

(1) 在 Models 目录中添加 User 模型类。

```
public class User
{
    public string Name { get; set; }
}
```

(2) 在 HomeController 中添加 HeroList Action 方法，分别通过不同的方式进行传值。

```
/// <summary>
/// 最新英雄排行榜(View 和视图传值的几种方式)
/// </summary>
/// <returns></returns>
public ActionResult HeroList()
{
    ViewData["One"] = "孙悟空";
    ViewBag.Two = "吕布";
    var user = new User() { Name = "孙尚香" };
    TempData["Four"] = "白起";
    return View(user);
}
```

(3) 添加 HeroList 视图，这里使用强类型视图。

```
@model HPIT.MVC.Demo.Models.User
@{
    ViewBag.Title = "HeroList";
}

<h2>王者荣耀最新英雄排行榜</h2>
<p>第一名：@ViewData["One"]</p>
<p>第二名：@ViewBag.Two</p>
<p>第三名：@Model.Name</p>
<p>第四名：@TempData["Four"]</p>
```

(4) 运行后展示效果，如图 3-1 所示。

图 3-1　页面效果

注意：ViewData、ViewBag、TempData 三者都可以实现 Action 与 View 之间的传值，但是 ViewData 和 ViewBag 只在当前 Action 中有效，生命周期和 View 相同，并且可以根据同一个 Key 进行相互取值，不同点在于 ViewBag 是 MVC3 新增语法，ViewBag 不再是字典的键值对结构，而是 dynamic 动态类型，它会在程序运行的时候动态解析，书写起来更加方便。而 TempData 和 Session 比较相似，它可以在不同的 Action 之间传递，但是 TempData 的值在取了一次后就会被自动删除。

3.2 Razor 视图引擎

Razor 是 ASP.NET MVC 3.0 出现的新视图引擎，在 Razor 视图引擎诞生之前，ASP.NET MVC 默认采用的是.ASPX 视图引擎，其语法和 Web Forms 非常相似，如果用 ASP.NET 的.ASPX 标记语法来编写页面，那么在页面中会存在大量的“<%= %>”标记，可读性较差。而 Razor 视图引擎尽量减少一个文件里需要输入的字符数，给开发者畅快淋漓的编码体验，不必明确为服务器代码标记起始与结束符，Razor 能智能判断，这样让页面看起来整洁，方便阅读代码。

Razor 是一种允许向网页中嵌入基于服务器的代码(VB 和 C#)的标记语法，是一种服务器代码和 HTML 代码混写的代码模板，类似于没有后置代码的.aspx 文件。Razor 支持两种文件类型，分别是.cshtml 和.vbhtml，其中.cshtml 的服务器代码使用了 C#语法，而.vbhtml 的服务器代码使用了 VB.NET 语法。

在 Razor 视图引擎中，@标记是 Razor 的根本，服务器端代码段都以@开始，使用@作为前缀，包括：

- @{代码片段}

- @(常量)
- @变量
- @@转义输出@
- @**@注释
- @命名空间

示例 1：利用 Razor 视图引擎实现基本内容展示。

在视图中编写如下代码：

```
@*<h3>我是一个标题</h3>*@
<h2>Razor 实例</h2>
@{
    var schoolName = "清华大学";
}
<p>我毕业于@(2018)届  @schoolName  信息系</p>
```

运行效果如图 3-2 所示。

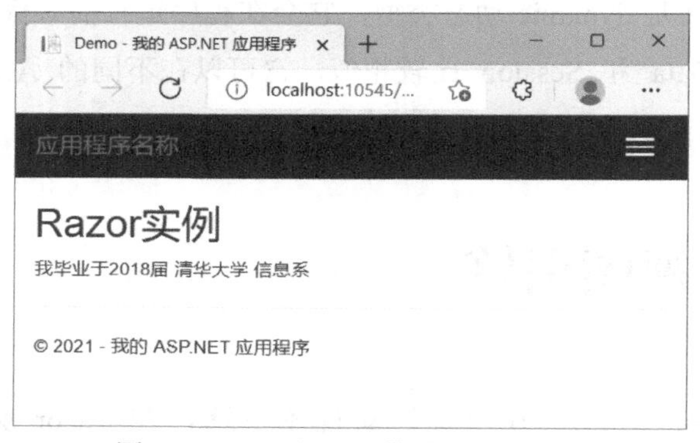

图 3-2　Razor 视图引擎基本使用示例

示例 2：利用 Razor 视图引擎实现列表数据展示

在视图中编写如下代码：

```
@{
<h2>王者荣耀最新英雄排名</h2>
    var i = 0;
    string[] list = { "孙悟空", "李白", "貂蝉", "大乔" };
    foreach (var item in list)
    {
        i++;
        <p>第 @i 名：@item</p>
    }
}
```

运行效果如图 3-3 所示。

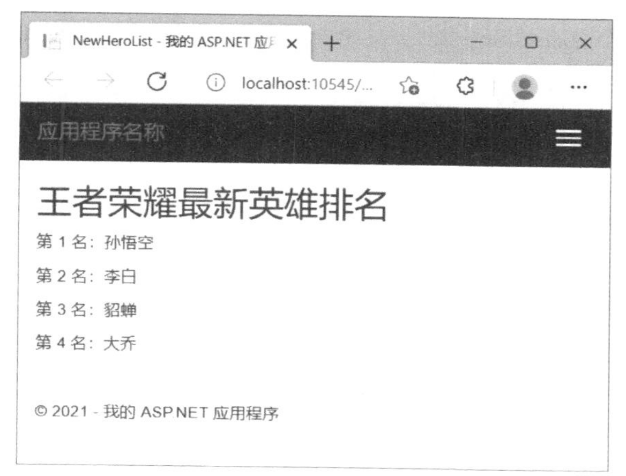

图 3-3　Razor 视图引擎实现列表数据展示

3.3 Layout 布局页

在开发 Web 应用程序时，有时候需要保证整体页面布局风格统一，比如每个电商平台都会有一个共同的头部和尾部，看起来每个页面都具有同样的风格，给人的感觉非常整齐划一。我们在做自己的项目的时候其实也需要遵守这样的标准，在 Web Forms 中通常可以通过 master 母版页来实现，它的作用是统一 Web 应用程序的风格，而在 MVC 中其实也有和母版页非常相似的技术，那就是 Layout 布局页。

Layout 布局页使用规则如下：

- 在布局页中使用@RenderBody()或者@RenderSection()方法对预使用内容页填充的方法进行“占位”。
- 在内容页中使用 Layout = "视图路径"指定使用的布局页。
- 在内容页中使用@section 补充布局页中的“占位”。

示例：利用 Layout 布局页实现页面的显示。

(1) 在网站根目录下的 Views/Shared 目录新建视图 SiteLayout，代码如下：

```
@{
    Layout = null;
}

<!DOCTYPE html>

<html>
<head>
    <meta name="viewport" content="width=device-width" />
```

```
    <title>我的第一个网店</title>
</head>
<body>
    <h3>欢迎光临我的网站</h3>
    <div>
        @RenderBody()
    </div>
    @RenderSection("Footer",false)
</body>
</html>
```

(2) 在 HomeController 控制器中新建 Action 方法 MySite。

```
/// <summary>
/// Layout 布局页
/// </summary>
/// <returns></returns>
public ActionResult MySite()
{
    return View();
}
```

(3) 添加视图 MySite。

```
@{
    ViewBag.Title = "MySite";
    Layout = "~/Views/Shared/_SiteLayout.cshtml";
}

<h2>我是内容部分(内容页填充)</h2>
@section Footer
{
    <footer>
        @@河南厚溥教育科技有限公司所有(内容填充)
    </footer>
}
```

(4) 运行项目，展示效果如图 3-4 所示。

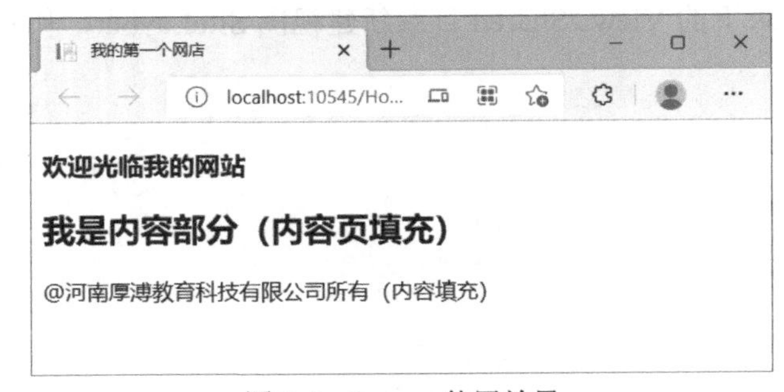

图 3-4　Layout 使用效果

3.4 分部视图

在做项目开发的过程中，有时候会遇到这样的场景，同样的一个功能在多个页面中都出现，比如在一些电商平台，我们发现有些页面有共性的功能按钮或链接，比如登录、导航等，对于此类的效果我们需要每个页面都开发一个吗？显然这是一种愚蠢的做法，在之前的 Web Forms 开发中有用户控件的概念，它很好地解决了这个问题，在 MVC 中也有相似的技术，即分部视图。

ASP.NET MVC 里的分部视图相当于 Web Forms 里的 User Control，对页面中重用的地方，进行封装重用。使用分部视图的好处是既可以简写代码，又可以使页面代码更加清晰、更易维护。

创建和使用分部视图的基本步骤如下：

(1) 添加视图，选择分部视图。

(2) Action 返回分部视图：PartialView()。

(3) Razor 视图中加载分部视图：@Html.RenderAction()。

示例：利用分部视图实现登录页面。

(1) 在 HomeController 控制器中添加 Action 方法 PartialViewTest：

```
/// <summary>
/// 局部视图
/// </summary>
/// <returns></returns>
public ActionResult PartialViewTest()
{
    return PartialView();
}
```

(2) 添加 PartialViewTest 视图，在弹出的对话框中选择“创建为分部视图”选项，然后单击“添加”按钮，如图 3-5 所示。

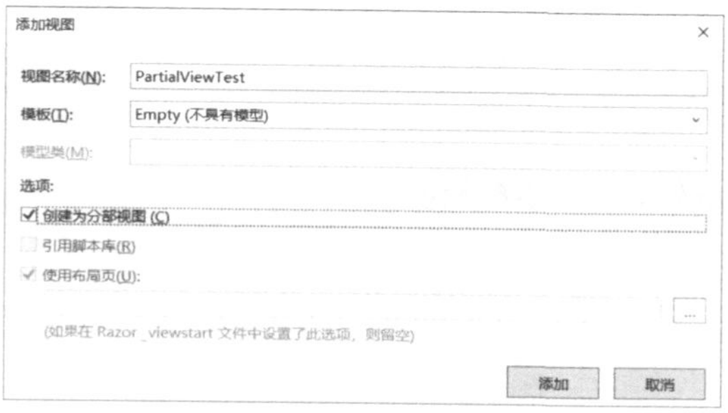

图 3-5 创建分部视图

(3) 在分部视图中创建一个登录的表单：

```
<style>
    table, td {
        border: 1px solid black;
        border-collapse: collapse;
        padding: 5px;
    }
</style>

<table>
    <tr>
        <td>用户名：</td>
        <td> <input type="text" name="name" value="" /></td>
    </tr>
    <tr>
        <td>密码：</td>
        <td> <input type="password" name="name" value="" /></td>
    </tr>
    <tr>
        <td colspan="2" align="center"><input type="button" name="name" value="提交" /></td>

    </tr>
</table>
```

(4) 在 MySite.cshtml 视图中通过@Html.RenderAction()引用该分部视图。

```
@{
    ViewBag.Title = "MySite";
    Layout = "~/Views/Shared/_SiteLayout.cshtml";
}

<h2>我是内容部分(内容页填充)</h2>
@{Html.RenderAction("PartialViewTest");}

@section Footer
{
    <footer>
        @@河南厚溥教育科技有限公司所有(内容填充)
    </footer>
}
```

(5) 运行项目，展示效果如图 3-6 所示。

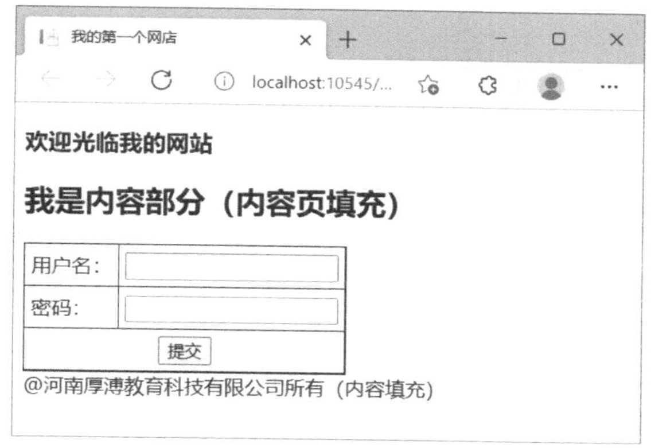

图 3-6　分部视图的效果

3.5 强类型视图

在 Web 页面中，普通首页的超链接为“<a href="home/index">首页</a>”，路由改变时，可能需要修改为“<a href="/default /index">首页</a>”，如果项目里面有很多超链接就需要改动很多地方。在实际项目开发过程中，如果表单都使用这种普通的 html 标签来构建，则必须要保证里面字符的准确性，所带来的问题是如果不小心写错了字符，开发工具是不会给它提示的，而且需要写的代码也比较多，再者如果路由发生了改变，form 标签所对应的 url 路径也需要进行改变，这样不利于后期维护子程序，开发的效率也不是很高。

我们需要的是路由改变也不受影响，因为没有智能感知，调试不方便，所以应运而生了 Html.Action("Home","Index")，ASP.NET MVC 从 2.0 版开始更进一步提供了强类型的辅助方法，活用这些强类型辅助方法，还能提升整体开发效率。

基本上，属于强类型的辅助方法命名方式皆为“原先的名称最后加上 For，例如，Html.TextboxFor()或 Html.LabelFor()，如表 3-1 所示。使用强类型辅助方法拥有许多优点，不过，最重要的一点就是在 View 页面的最上方一定要用@model 定义出这个 View 页面的参考数据模型，如果没有声明就无法使用强类型辅助方法，例如：

```
@model MvcApplication6.Models.Product
```

表 3-1　HTML 辅助方法及说明

HTML 辅助方法	说明
Htrnl.LabelFor()	输出<label>标签
Html.TextBoxFor()	输出<input type="text" />标签
Html.TextAreaFor()	输出<textarea>标签

(续表)

HTML 辅助方法	说明
Html.PasswordFor()	输出<input type="password" />标签
Html.CheckboxFor()	输出<input type="checkbox" />标签
Html.RadioButtonFor()	输出<input type="radio" />标签
Html.DropDownListFor()	输出<select/>标签
Html.ListBoxFor()	输出<select multiple/>标签
Html.HiddenFor()	输出<input type="hidden" />标签

示例 1：使用强类型视图来实现用户的注册表单页面。

(1) 在 Models 文件夹下创建一个实体类 UserInfo。

```
public class UserInfo
{
    public string UserName { get; set; }
    public int Sex { get; set; }
    public string Info { get; set; }
}
```

(2) 在 HomeController 控制器中添加 Action 方法 Register。

```
/// <summary>
/// 强类型视图
/// </summary>
/// <returns></returns>
public ActionResult Register()
{
    return View();
}
```

(3) 添加 Register 视图，在头部添加如下代码，来声明强类型视图的实体类型。

```
@model HPIT.MVC.Demo.Models.UserInfo
```

(4) 利用强类型 Html 辅助方法创建 HTML 元素标签。

```
@model HPIT.MVC.Demo.Models.UserInfo
@{
    ViewBag.Title = "Register";
}

<style type="text/css">
    table,tr{
        border:1px solid black;
    }
```

```
    table ,td{
        border-collapse:collapse;
        padding:5px;
    }
    .inp
    {
        text-align:right;
    }

</style>

<h2>用户注册</h2>

@using (Html.BeginForm("Register","Home",FormMethod.Post))
{
<table>
    <tr>
        <td class="inp">用户名：</td>
        <td>@Html.TextBoxFor(model => model.UserName)</td>
    </tr>
    <tr>
        <td class="inp">性别：</td>
        <td>
            @Html.RadioButtonFor(model => model.Sex, 1)男
            @Html.RadioButtonFor(model => model.Sex, 2)女
        </td>
    </tr>
    <tr>
        <td class="inp">个人介绍：</td>
        <td>
            @Html.TextAreaFor(model=>model.Info,5,30,null)
        </td>
    </tr>
    <tr>
        <td colspan="2" align="center"><input type="submit" value="提交" /></td>
    </tr>
</table>
}
```

(5) 运行项目，展示效果如图 3-7 所示。

图 3-7　HtmlHelper 实现表单

示例 2：实现学生表单中班级下拉框。

在强类型视图中可以使用 DropDownListFor 来生成下拉框，接下来实现单元二中添加学生任务中班级下拉框的效果。

(1) 在 Action 中添加查询班级的方法。

```
/// <summary>
///  加载添加页面
/// </summary>
/// <returns></returns>
public ActionResult Add()
{
    using (var db = new StudentContext())
    {
        //查询班级信息
        var classList = db.Class.Select(e => new SelectListItem()
        {
            Text = e.ClassName,
            Value = e.Id.ToString()
        }).ToList();

        //通过 ViewBag 将数据传递给视图
        ViewBag.ClassList = classList;
    }

    return View();
}
```

(2) 在视图上通过 DropDownListFor 获取 ViewBag 中的班级数据并生成下拉框。

```
<div class="form-group">
    <label class="control-label col-md-2">班级</label>
    <div class="col-md-10">
        @Html.DropDownListFor(model=>model.ClassId, ViewBag.ClassList as IEnumerable
                                    <SelectListItem>, new { @class = "form-control" })
        @Html.ValidationMessageFor(model => model.ClassId, "", new { @class =
                                        "text-danger" })
    </div>
</div>
```

(3) 运行项目，效果如图 3-8 所示。

图 3-8　强类型视图实现表单

- View 和 Action 之间前后台数据可以通过 ViewData、ViewBag、TempData、Model 等方式传递。
- 在 Razor 视图引擎中，@标记是 Razor 的根本，服务器端代码段都以@开始。
- Razor 视图引擎可以智能识别 html 代码和 C#服务器代码。

- 在布局页中使用@RenderBody()或者@RenderSection()方法对预使用内容页填充的方法进行“占位”。
- Layout = "视图路径"来指定使用的布局页。
- 使用@section 来补充布局页中的“占位”。
- 在 Action 中使用 PartialView()返回分部视图。
- 在视图中使用@Html.RenderAction()加载分部视图。
- 在 Razor 视图引擎中推荐使用强类型 Html 辅助方法来创建 HTML 元素标签。

单元自测

选择题

1. 以下(　　)不是 View 和 Action 之间前后台数据传递的方式。

   A. ViewData　　B. ViewBag

   C. TempData　　D. TempBag

2. Razor 视图引擎中的核心转换符是(　　)。

   A. #　　B. @

   C. *　　D. %

3. 以下关于 Layout 布局页说法，不正确的是(　　)。

   A. 在布局页中使用@RenderBody()或者@RenderSection()方法对预使用内容页填充的方法进行“占位”

   B. 在内容页中使用 Layout = "视图路径"来指定使用的布局页

   C. 在内容页中使用@section 来补充布局页中的“占位”

   D. MVC 中只能有一个布局页

4. 以下(　　)可以在不同 Action 之间传递。

   A. ViewData　　B. ViewBag

   C. TempData　　D. TempBag

5. Action 中返回分部视图的方法是(　　)。

   A. PartialView()　　B. Json()

   C. Javascript()　　D. View()

问答题

1. View 和 Action 之间前后台数据传递的方式有哪些？

2. Layout 布局页是如何定义一个“占位符”的？

3. 如何创建一个分部视图？

4. 使用强类型视图的好处是什么？

上机实战

练习：利用强类型视图和 HTML 辅助方法来实现注册页面

表单注册效果图如图 3-9 所示。

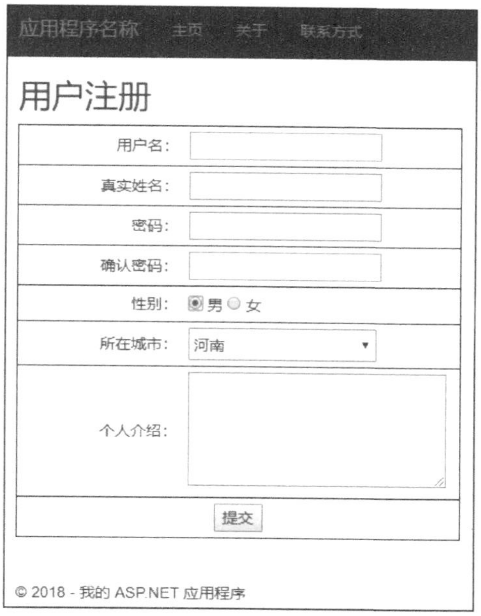

图 3-9　用户注册表单

提示：利用强类型视图和 HTML 辅助方法实现注册页面，其中包括表单标签、文本框、密码框、单选框、下拉框、文本域。

Controller(控制器)

课程目标

- ❖ 了解 Action 方法中的模型绑定
- ❖ 了解 ActionResult 返回方法的使用
- ❖ 掌握动作方法选定器的使用

简介

Controller(控制器)在 ASP.NET MVC 中负责控制所有客户端与服务器端的交互，并负责协调 Model 与 View 之间的数据传递，是 ASP.NET MVC 整体运作的核心角色，非常重要。控制器主要负责处理浏览器传来的所有请求，并决定响应什么属性给浏览器，但 Controller 并不负责决定属性应如何显示，仅响应特定形态的属性给 ASP.NET MVC 框架，最后才由 ASP.NET MVC 框架依据响应的形态来决定如何响应属性给浏览器。本单元将详细介绍 Controller 的各项技术。

4.1 Model 模型绑定

在初步了解 ASP.NET MVC 之后，大家可能都会产生一个疑问，为什么 URL 片段中的有些参数最后会转换为例如 int 型或者其他类型的参数？这里就不得不说模型绑定了。模型绑定是指用浏览器以 HTTP 请求方式发送的数据来创建.NET 对象的过程。每当定义具有参数的动作方法时，一直是在依赖着这种模型绑定过程——这些参数对象是通过模型绑定来创建的。

那么在 MVC 项目中，View(视图)提交到服务端 Action 的时候，需要根据某种标识名称来进行区分，这样服务端 Action 才能够准确地接收到数据。利用控制器的模型绑定可以接收前台表单提交过来的数据，其实现方式主要有以下几种：

- 通过 Request.Form["name"]逐个获取表单提交的数据。
- 直接使用 FormCollection 调用。
- 在 Action 中使用同名参数。
- 接收 Model。

为了更好地学习本节的内容，我们利用单元三中强类型视图的相关知识，创建一个基于强类型视图的表单。

(1) 在 Models 文件夹中添加一个 RegisterModel。

```
using System;
using System.Collections.Generic;
using System.Linq;
using System.Web;

namespace HPIT.MVC.Chapter04.Models
{
```

```
    public class RegisterModel
    {
        /// <summary>
        /// 用户名
        /// </summary>
        public string UserName { get; set; }

        /// <summary>
        /// 真实姓名
        /// </summary>
        public string RealName { get; set; }

        /// <summary>
        /// 性别
        /// </summary>
        public int Sex { get; set; }

        /// <summary>
        /// 个人介绍
        /// </summary>
        public string Introduce { get; set; }
    }
}
```

(2) 在 HomeController 中添加一个 Register 方法，以显示注册页面的表单视图。

```
        public ActionResult Register()
        {
            return View();
        }
```

(3) 添加 Register 视图，通过强类型视图的方式来进行视图的布局。

```
@model HPIT.MVC.Chapter05.Models.RegisterModel
@{
    ViewBag.Title = "Register";
}
<style>
    table, table tr {
        border: 1px solid black;
    }

        table td {
            padding: 5px;
        }

    table {
        width: 500px;
    }
```

```
        .lab {
            text-align: right;
        }

        select {
            width: 180px;
            height: 30px;
        }
</style>
<h2>用户注册</h2>
@using (Html.BeginForm("Submit", "Home", FormMethod.Post))
{
    <table>
        <tr>
            <td class="lab">用户名：</td>
            <td>@Html.TextBoxFor(model => model.UserName)</td>
        </tr>
        <tr>
            <td class="lab">真实姓名：</td>
            <td>@Html.TextBoxFor(model => model.RealName)</td>
        </tr>
        <tr>
            <td class="lab">性别：</td>
            <td>
                @Html.RadioButtonFor(model => model.Sex, 1)男
                @Html.RadioButtonFor(model => model.Sex, 0)女
            </td>
        </tr>
        <tr>
            <td class="lab">个人介绍：</td>
            <td>@Html.TextAreaFor(model => model.Introduce, 5, 50, null)</td>
        </tr>
        <tr>

            <td align="center" colspan="2">
                <input type="submit" value="提交" />
            </td>
        </tr>
    </table>
}
```

(4) 运行项目后，显示效果如图 4-1 所示。

图 4-1　用户注册表单

4.1.1 Request.Form["name"]

对于表单提交，在 Action 中可以通过获取 POST 请求的方式来接收提交的参数信息：

```
/// <summary>
///   通过 Request.Form 接收
/// </summary>
/// <returns></returns>
public ActionResult Submit()
{
    //接收用户名
    string userName = Request.Form["UserName"];

    //接收真实姓名
    string realName = Request.Form["RealName"];

    //接收性别
    int sex = Convert.ToInt32(Request.Form["Sex"]);

    //接收个人介绍
    string introduce = Request.Form["Introduce"];

    return Content($"提交的数据：用户名：{userName}，真实姓名：{realName}，性别：
                {sex}，个人介绍：{introduce}");
}
```

4.1.2 使用 FormCollection

FormCollection 用来在 Controller 中获取页面表单元素的数据。它是表单元素的集合。

```
/// <summary>
///  通过 FormCollection 接收
/// </summary>
/// <returns></returns>
public ActionResult Submit(FormCollection form)
{
    //接收用户名
    string userName = form["UserName"];

    //接收真实姓名
    string realName = form["RealName"];

    //接收性别
    int sex = Convert.ToInt32(form["Sex"]);

    //接收个人介绍
    string introduce = form["Introduce"];

    return Content($"提交的数据：用户名：{userName}，真实姓名：{realName}，性别：
              {sex}，个人介绍：{introduce}");
}
```

4.1.3 在 Action 中使用同名参数

在 Action 中定义参数名和表单 name 属性值一致即可：

```
/// <summary>
///  通过 Action 参数接收
/// </summary>
/// <returns></returns>
public ActionResult Submit(string userName, string realName, int sex, string introduce)
{
    return Content($"提交的数据：用户名：{userName}，真实姓名：{realName}，性别：
              {sex}，个人介绍：{introduce}");
}
```

4.1.4 接收 Model

这种方式相当于对参数的一种封装，在 Action 中通过实体对象进行接收：

```
/// <summary>
```

```
///  通过 Model 接收
/// </summary>
/// <returns></returns>
public ActionResult Submit(RegisterModel model)
{
    return Content($"提交的数据：用户名：{model.UserName}，真实姓名：
                {model.RealName}，性别：{model.Sex}，个人介绍：{model.Introduce}");
}
```

小 结

在控制器的 Action 中接收前台提交过来的方式有很多种，不同的方式都可以实现数据的接收，但是强烈推荐在企业的项目中使用 Model 的方式，这种方式也体现出面向对象的思想，所以在学习阶段要养成使用 Model 方式的好习惯。

4.2 ActionResult

MVC 中 ActionResult 是 Action 的返回结果。ActionResult 有多个派生类，每个子类功能均不同，并不是所有的子类都需要返回视图(View)，有些直接返回流，有些返回字符串等。ActionResult 是一个抽象类，它定义了唯一的 ExecuteResult 方法，参数为一个 ControllerContext，本节主要学习 MVC 中的 ActionResult 的用法。

常见的 ActionResult 方法如表 4-1 所示。

表 4-1 常见的 ActionResult 方法

类别	Controller 辅助方法	说明
ContentResult	Content	返回简单的纯文本内容
FileResult	File	以二进制串流的方式回传一个文档信息
JsonResult	Json	返回 JSON 格式的字符串
HttpNotFoundResult	HttpNotFound	回传 HTTP404 状态代码
JavaScriptResult	JavaScript	回传的是 JavaScript 脚本
RedirectResult	Redirect	重新导向到指定的 URL
RedirectToRouteResult	RedirectToAction、RedirectToRoute	与 RedirectResult 类似，但是它是重定向到一个 Action 或 Route
ViewResultBase	View、PartialView	回传一个 View 页面

示例：利用不同的 ActionResult 展示其执行后的效果。

(1) ViewResult

ViewResult 表示一个视图结果，它根据视图模板产生应答内容。对应的 Controller 方法为 View。

```
public ActionResult About()
{
    return View();
}
```

运行后加载和 Action 名称相同的视图页面。

```
public ActionResult Contact()
{
    return View("About");
}
```

运行后加载指定的视图页面。

(2) PartialViewResult

PartialViewResult 表示一个部分视图结果，与 ViewResult 本质上一致，只是部分视图不支持母版，对应于 ASP.NET，ViewResult 相当于一个 Page，而 PartialViewResult 则相当于一个 UserControl。它对应的 Controller 方法为 PartialView。

```
public ActionResult PartialViewTest()
{
    return PartialView();
}
```

运行后可以加载部分视图的内容。

(3) ContentResult

ContentResult 返回简单的纯文本内容，可通过 ContentType 属性指定应答的文档类型，通过 ContentEncoding 属性指定应答文档的字符编码。可通过 Controller 类中的 Content 方法便捷地返回 ContentResult 对象。如果控制器方法返回非 ActionResult 对象，MVC 将简单地以返回对象的 toString()内容为基础产生一个 ContentResult 对象。

```
public ActionResult Index()
{
    return Content("欢迎光临我的小站! ");
}
```

运行后会在浏览器上输出指定的字符串。

(4) FileResult

FileResult 是一个基于文件的 ActionResult，利用 FileResult 可以很容易地将来自某个物理文件的内容响应给客户端。

```
public ActionResult GotFile()
{
    FileStream fs=new FileStream(Server.MapPath("~/Content/demo.jpeg"),FileModel.Open);
    return Content(fs, "~/image/jpeg","download.jpeg");
}
```

运行后会下载服务器上对应的图片资源。

(5) JavaScriptResult

JavaScriptResult 本质上是一个文本内容，只是将 Response.ContentType 设置为 application/x-javascript，此结果类型对应的 Controller 方法为 JavaScript。

```
public ActionResult JavaScript()
{
    return JavaScript("alert('欢迎光临我的小站!')");
}
```

运行后会响应到浏览器的 JavaScript 代码。

我们会发现浏览器上显示的是 JavaScript 字符串，和使用 Content()方法返回的文本内容似乎是一样的，打开浏览器按 F12 键开发人员可以看到 Content-Type，返回的其实是 JavaScript 类型，这里和 Content()是有区别的，如图 4-2 所示。

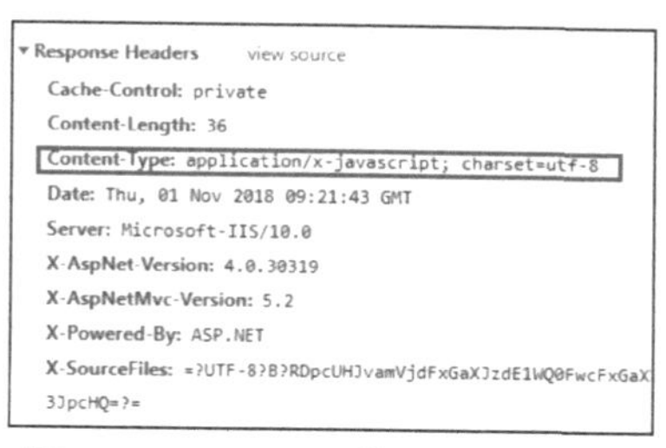

图 4-2 JavaScript 的 Content-Type

(6) JsonResult

JsonResult 表示一个 JSON 结果。MVC 将 Response.ContentType 设置为 application/json，并通过 JavaScriptSerializer 类指定对象序列化为 JSON 表示方式。需要注意，默认情况下，MVC 不允许 GET 请求返回 JSON 结果，要解除此限制，在生成 JsonResult 对象时，将其 JsonRequestBehavior 属性设置为 JsonRequestBehavior.AllowGet，此结果对应 Controller 方法的 JSON。

```
public ActionResult Json()
{
    var obj=new{Name="孙悟空",Age="18",Address="花果山水帘洞"}
    return Json(obj);
}
```

在浏览器中直接输入地址后，会出现如图 4-3 所示错误。

此请求已被阻止，因为当用在 GE ×
localhost:56353/Demo/json

"/"应用程序中的服务器错误。

此请求已被阻止，因为当用在 GET 请求中时，会将敏感信息透漏给第三方网站。若要允许 GET 请求，请将 JsonRequestBehavior 设置为 AllowGet。

说明: 执行当前 Web 请求期间，出现未经处理的异常。请检查堆栈跟踪信息，以了解有关该错误以及代码中导致错误的出处的详细信息。

异常详细信息: System.InvalidOperationException: 此请求已被阻止，因为当用在 GET 请求中时，会将敏感信息透漏给第三方网站。若要允许 GET 请求，请将 JsonRequestBehavior 设置为 AllowGet。

源错误:

执行当前 Web 请求期间生成了未经处理的异常。可以使用下面的异常堆栈跟踪信息确定有关异常原因和发生位置的信息。

图 4-3　通过 GET 请求返回 JSON 的出错信息

这是因为返回 JSON 类型的时候默认是不支持 GET 请求的，因为 GET 请求具有不安全性，所以 MVC 中默认禁止通过 GET 请求来访问 JsonResult，如果要让其支持 GET 请求，需要把 JsonRequestBehavior 属性设置为 AllowGet。

```
public ActionResult Json()
{
    var obj=new{Name="孙悟空",Age="18",Address="花果山水帘洞"}
    return Json(obj, JsonRequestBehavior.AllowGet);
}
```

之后在浏览器上显示返回 JSON 格式的字符串，如图 4-4 所示。

图 4-4　正常返回的 JSON 格式效果

(7) RedirectResult

RedirectResult 的主要用途是运行重新导向到其他网址。在 RedirectResult 的内部，基本上还是以 Response. Redirect 方法响应 HTTP302 暂时重定向。

```
public ActionResult Redirect ()
{
    return Redirect("/Home/Index");
}
```

在 ASP.NET MVC 3 之后，System.Web.Mvc.Controller 类中还内建了一个 RedirectPermanent 辅助方法，可以让 Action 响应 HTTP301 永久导向。使用 HTTP301 永久导向可以提升 SEO 效果，可保留原本页面网址的网页排名(Ranking)记录，并自动迁移到转向的下一页，这在网站改版导致网站部分页面的网址发生变更时非常实用。

```
public ActionResult Redirect()
{
```

```
        return RedirectPermanent("/Home/Index");
    }
```

(8) RedirectToRoute

Controller 类中有以下两个与 RedirectToRoute 有关的辅助方法。

- RedirectToAction
- RedirectToRoute

RedirectToAction 与 RedirectToActionPermanent 的版本比较简易，直接传入 Action 名称即可设置让浏览器转向该 Action 的网址，也可以传入新增的 RouteValue 值。

```
    public ActionResult RedirectToActionSample(){
        return RedirectToAction ("HeroList");
    }
```

```
    public ActionResult RedirectToRouteSample(){
        return RedirectToRoute (new{action="HeroList"});
    }
```

```
    public ActionResult RedirectToRouteSample(){
        return RedirectToRoute (new{controller="Member", action="List"});
    }
```

```
    public ActionResult RedirectToRouteSample(){
        return RedirectToRoute (new{controller="Member", action="List" ,page=3});
    }
```

如果重定向到指定的网址路由表定义的网址格式，先定义 App_Start\RouteConfig.cs 中的 RegisterRoutes 方法定义的网址路由表如下：

```
    public class RouteConfig
    {
        public static void RegisterRoutes(RouteCollection routes)
        {
            routes.IgnoreRoute("{resource}.axd/{*pathInfo}");

            routes.MapRoute(
                name: "ArticleHome",
                url: "Article",
                defaults: new { controller = "Article", action = "Index", id = UrlParameter.Optional }
            );

            routes.MapRoute(
                name: "Default",
                url: "{controller}/{action}/{id}",
                defaults: new { controller = "Home", action = "Index", id = UrlParameter.Optional }
            );
        }
```

```
    }
}
```

如果需要设置重定向到 ArticleHome 这个路由，可以在使用 RedirectToRoute 辅助方法时传入路由名称：

```
public ActionResult Redirect()
{
    return RedirectToRoute("ArticleHome");
}
```

(9) HttpNotFoundResult

HttpNotFoundResult 专门用来响应 HTTP 404 找不到网页的错误，在 System.Web.Mvc.Controller 类中内建了一个 HttpNotFound 辅助方法，可以方便返回 HttpNotFoundResult 类型的 ActionResult 结果。

```
public ActionResult NotFound()
{
    return HttpNotFound();
}
```

(10) HttpUnauthorizedResult

HttpUnauthorizedResult 专门用来响应 HTTP 401 拒绝访问的错误，例如，可以在 Action 里做出一些额外的权限检查，如果查出客户端用户并没有特定数据的访问权限，即可利用 HttpUnauthorizedResult 响应“拒绝访问”的 HTTP 状态代码：

```
public ActionResult Unauthorized()
{
    return new HttpUnauthorizedResult();
}
```

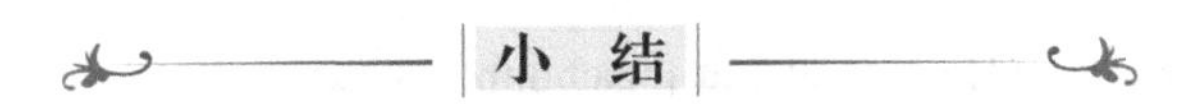

在控制器中 ActionResult 多种多样，每种 ActionResult 都有对应的应用场景，在实际项目开发的过程中，要结合实际的项目需求选择对应的 ActionResult，读者要强化记忆并且能够熟练运用这些常见的 ActionResult。

4.3 动作方法选定器

通过 ActionInvoker 选定 Controller 内的公开方法时，ASP.NET MVC 还有一个特性称为“动作方法选定器(Action Method Selector)”，同样可以套用在动作方法上，以便

ActionInvoker“选定”适当的 Action。

HttpGet、HttpPost、HttpDelete、HttpPut、HttpHead、HttpOptions、HttpPatch 属性都是动作方法选定器的一份子。

示例：利用 HTTP 动词 HttpGet 和 HttpPost 限定属性对 Action 的请求进行限制。

加载页面时在 Action 上面加上[HttpGet]，表示接收 GET 请求：

```
HttpGet]
public ActionResult Add()

    using (var db = new StudentContext())
    {
        //查询班级信息
        var classList = db.Class.Select(e => new SelectListItem()
        {
            Text = e.ClassName,
            Value = e.Id.ToString()
        }).ToList();

        //通过 ViewBag 将数据传递给视图
        ViewBag.ClassList = classList;
    }

    return View();
```

提交数据时，在 Action 上面加上[HttpPost]表示接收 POST 请求：

```
[HttpPost]
public ActionResult Add(StudentAddViewModel viewModel)
{
    using (var db = new StudentContext())
    {
        //实例化学生对象
        var model = new Student()
        {
            AddTime = DateTime.Now,
            Age = viewModel.Age,
            Name = viewModel.Name,
            Mobile = viewModel.Mobile,
            ClassId = viewModel.ClassId,
            Email = viewModel.Email
        };

        //将对象放入 EF 容器中，标记为添加
        db.Student.Add(model);
```

```
            //执行写入数据库操作，将数据进行持久化
            db.SaveChanges();

            //添加后跳转至列表页面
            return RedirectToAction("Index");
        }
    }
```

4.4 过滤器

有时在运行 Action 之前或之后会需要运行一些逻辑运算，处理一些运行过程中所生成的异常状况，为了满足这个需求，ASP.NET MVC 提供动作过滤器(Action Filter)来处理这些需求。MVC Filter 是典型的 AOP(面向切面编程)应用。在 ASP.NET MVC 中有 4 种过滤器类型，如表 4-2 所示。

表 4-2 过滤器的类型及描述

过滤器类型	接口	默认实现	描述
Action	IActionFilter	ActionFilterAttribute	在动作方法之前及之后运行
Result	IResultFilter	ActionFilterAttribute	在动作结果被执行之前和之后运行
AuthorizationFilter	IAuthorizationFilter	AuthorizeAttribute	首先运行(在任何其他过滤器或动作方法之前)
Exception	IExceptionFilter	HandleErrorAttribute	只在另一个过滤器、动作方法、动作结果弹出异常时运行

4.4.1 授权过滤器

授权过滤器用于实现 IAuthorizationFilter 接口和做出关于是否执行操作方法(如执行身份验证或验证请求的属性)的安全决策。AuthorizeAttribute 类和 RequireHttpsAttribute 类是授权过滤器的实现。授权过滤器在任何其他过滤器之前运行。

示例：利用授权过滤器，在执行 Action 之前做逻辑处理。

添加一个新的类 TestAuthorizeAttribute，继承 AuthorizeAttribute 类：

```
public class TestAuthorizeAttribute: AuthorizeAttribute
{
```

```
    public override void OnAuthorization(AuthorizationContext filterContext)
    {
        //Todo: 判断用户是否有权限请求
        filterContext.HttpContext.Response.Write("OnAuthorization-授权过滤器-" +
                            DateTime.Now.ToString("yyyy-MM-dd HH:mm:ss fff")+"<br />");

        //base.OnAuthorization(filterContext);
    }
}
```

在 Action 或 Controller 上加上控制器特性标签[TestAuthorize]:

```
/// <summary>
/// 授权过滤器
/// </summary>
/// <returns></returns>
[TestAuthorize]
public ActionResult Index()
{
    return Content("我是 Action-" + DateTime.Now.ToString("yyyy-MM-dd HH:mm:ss fff"));
}
```

两个输出结果加上时间标识，来判断执行的先后顺序，如图 4-5 所示。

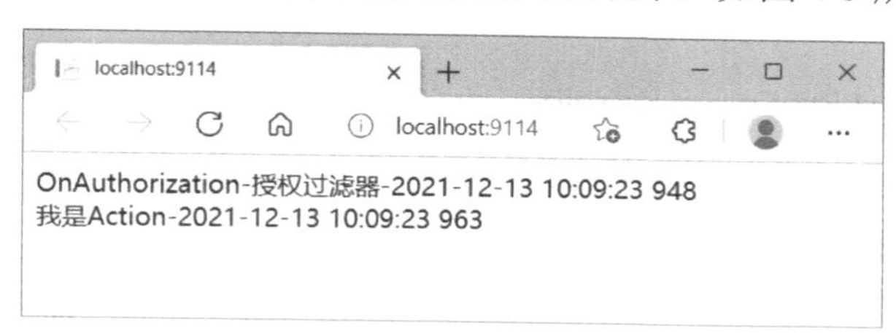

图 4-5 授权过滤器的执行顺序

利用授权过滤器可以轻松实现对用户权限的校验，如果需要实现全局的授权验证，则在每个 Action 上面都加上特性标签，这样工作量极其庞大，能否通过全局的配置来解决呢？

在 FilterConfig 类的 RegisterGlobalFilters 方法中添加如下代码：

```
public class FilterConfig
{
    public static void RegisterGlobalFilters(GlobalFilterCollection filters)
    {
        filters.Add(new HandleErrorAttribute());

        //全局配置授权过滤器
        filters.Add(new TestAuthorizeAttribute());
    }
}
```

在全局中注册过滤器，则所有控制器的所有行为(Action)都会执行这个过滤器。

4.4.2 动作过滤器

动作过滤器用于实现 IActionFilter 接口及包装操作方法的执行。IActionFilter 接口声明两个方法：OnActionExecuting 和 OnActionExecuted。OnActionExecuting 在操作方法之前运行。OnActionExecuted 在操作方法之后运行，可以执行其他处理，如向操作方法提供额外数据、检查返回值或取消执行操作方法。

示例：利用动作过滤器，在执行 Action 之前和之后做逻辑处理。

添加一个新的类 MyActionFilterAttribute，继承 ActionFilterAttribute 类：

```
/// <summary>
/// 动作过滤器
/// </summary>
public class MyActionFilterAttribute: ActionFilterAttribute
{
    /// <summary>
    /// 执行 Action 之前
    /// </summary>
    /// <param name="filterContext"></param>
    public override void OnActionExecuting(ActionExecutingContext filterContext)
    {
        filterContext.HttpContext.Response.Write("Action 执行前：" +
                                    DateTime.Now.ToString("yyyy-MM-dd HH:mm:ss fff") + "<br />");

        base.OnActionExecuting(filterContext);
    }

    /// <summary>
    /// 执行 Action 之后
    /// </summary>
    /// <param name="filterContext"></param>
    public override void OnActionExecuted(ActionExecutedContext filterContext)
    {
        filterContext.HttpContext.Response.Write("Action 执行后：" +
                                    DateTime.Now.ToString("yyyy-MM-dd HH:mm:ss fff") + "<br />");

        base.OnActionExecuted(filterContext);
    }
}
```

在 Action 或 Controller 上加上控制器特性标签[MyActionFilter]：

```
[TestAuthorize]
[MyActionFilter]
public ActionResult Index()
```

```
{
    return Content("我是 Action-" + DateTime.Now.ToString("yyyy-MM-dd HH:mm:ss fff"));
}
```

两个输出结果加上时间标识，来判断执行的先后顺序，如图 4-6 所示。

```
OnAuthorization-授权过滤器-2022-04-02 10:02:15 253
OnAuthorization-授权过滤器-2022-04-02 10:02:15 254
Action执行前：2022-04-02 10:02:15 260
Action执行后：2022-04-02 10:02:15 274
我是Action-2022-04-02 10:02:15 274
```

图 4-6　动作过滤器的执行顺序

4.4.3 结果过滤器

结果过滤器用于实现 IResultFilter 接口及包装 ActionResult 对象的执行。IResultFilter 接口声明 OnResultExecuting 和 OnResultExecuted 两个方法。OnResultExecuting 在执行 ActionResult 对象之前运行。OnResultExecuted 在结果之后运行，可以对结果执行其他处理，如修改 HTTP 响应。OutputCacheAttribute 类是结果过滤器的一个实现。

示例：利用结果过滤器，在加载视图之前和之后做逻辑处理。

添加一个新的类 MyResultFilterAttribute，继承 ActionFilterAttribute 类：

```
/// <summary>
/// 结果过滤器
/// </summary>
public class MyResultFilterAttribute : ActionFilterAttribute
{
    /// <summary>
    /// 加载视图前执行
    /// </summary>
    /// <param name="filterContext"></param>
    public override void OnResultExecuting(ResultExecutingContext filterContext)
    {
        filterContext.HttpContext.Response.Write("加载视图前执行：" +
            DateTime.Now.ToString("yyyy-MM-dd HH:mm:ss fff") + "<br />");

        base.OnResultExecuting(filterContext);
    }

    /// <summary>
    /// 加载视图后执行
    /// </summary>
```

```
        /// <param name="filterContext"></param>
        public override void OnResultExecuted(ResultExecutedContext filterContext)
        {
            filterContext.HttpContext.Response.Write("加载视图后执行：" +
                DateTime.Now.ToString("yyyy-MM-dd HH:mm:ss fff") + "<br />");

            base.OnResultExecuted(filterContext);
        }
    }
```

在 Action 或 Controller 上加上控制器特性标签[MyResultFilter]：

```
[TestAuthorize]
[MyActionFilter]
[MyResultFilter]
public ActionResult Index()
{
    return Content("我是 Action-" + DateTime.Now.ToString("yyyy-MM-dd HH:mm:ss fff"));
}
```

利用两个输出结果加上时间标识，判断执行的先后顺序，如图 4-7 所示。

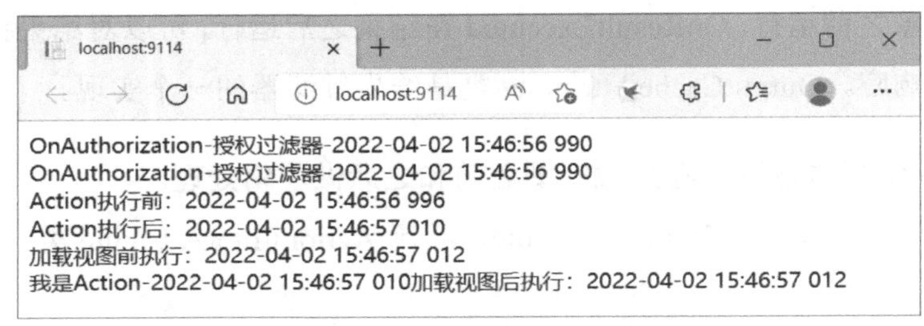

图 4-7　结果过滤器的执行顺序

4.4.4 异常过滤器

异常过滤器用于实现 IExceptionFilter 接口，并在 ASP.NET MVC 管道执行期间引发未处理的异常时执行。异常过滤器可用于执行诸如日志记录或显示错误页之类的任务。HandleErrorAttribute 类是异常过滤器的一个实现。

示例：利用异常过滤器将页面重定向到一个友好的页面。

添加一个新的类 TestHandleErrorAttribute，继承 HandleErrorAttribute 类：

```
/// <summary>
/// 异常过滤器
/// </summary>
public class TestHandleErrorAttribute: HandleErrorAttribute
{
    public override void OnException(ExceptionContext filterContext)
```

```
        {
            //重定向到 404 错误页面
            filterContext.Result = new RedirectResult("~/404.html");

            //标记异常已经处理完毕
            filterContext.ExceptionHandled = true;

            base.OnException(filterContext);
        }
    }
```

在 Controller 中添加一个新的 Action，测试异常过滤器并加上控制器特性标签 [TestHandleError]：

```
/// <summary>
/// 测试异常过滤器
/// </summary>
/// <returns></returns>
[TestHandleError]
public ActionResult GetError()
{
    int a = 0;
    int b = 1 /a;
    return View();
}
```

添加一个 404.html 页面，用来显示友好的异常信息，取代之前默认的黄色报错页面：

```
<!DOCTYPE html>
<html>
<head>
    <meta charset="utf-8" />
    <title></title>
</head>
<body>
    <h2>程序出错了，已经把问题提交给“程序猿”哥哥了~~</h2>
</body>
</html>
```

运行后，如果出现报错则会重定向到友好页面，如图 4-8 所示。

图 4-8　友好报错页面

4.4.5 小结

MVC 支持的过滤器类型有 4 种，分别是 Authorization(授权)、Action(行为)、Result(结果)和 Exception(异常)。

单元小结

- Controller 负责协调 Model 与 View 之间的数据传递。
- ActionResult 是 Action 运行后的回传类型。
- ContentResult 返回简单的纯文本内容。
- JsonResult 返回 JSON 格式的字符串。
- RedirectResult 重新导向到指定的 URL。
- ViewResult 回传一个 View 页面。
- 利用 HTTP 动词限定属性对 Action 的请求进行限制。
- MVC 支持的过滤器类型有 4 种，分别是 Authorization(授权)、Action(行为)、Result(结果)和 Exception(异常)。

■ **选择题**

1. 以下(　　)不属于 MVC 中的模型绑定。

   A. 通过 Request.Form["name"]　　B. ViewBag

   C. FormCollection　　D. 在 Action 中使用同名参数

2. 以下(　　)不属于 MVC 中的 ActionResult。

   A. ContentResult　　B. JsonResult

   C. StringResult　　D. FileResult

3. 使用授权过滤器需要继承(　　)类。

   A. ActionFilterAttribute　　B. AuthorizeAttribute

   C. HandleErrorAttribute　　D. ResultFilterAttribute

4. 以下(   )ActionResult 方法可以返回普通字符串。

A. Json()　　B. Content()

C. File()　　D. String()

5. 要使 Action 只支持 POST 请求操作，则需要在 Action 方法上加上(   )标签。

A. [HttpGet]　　B. [HttpPost]

C. [Get]　　D. [Post]

问答题

1. MVC 中模型绑定的方式有哪些？

2. 列举出你所知道的 ActionResult 方法。

上机实战

练习：利用授权过滤器对用户身份进行校验，防止匿名用户登录。

登录界面如图 4-9 所示。

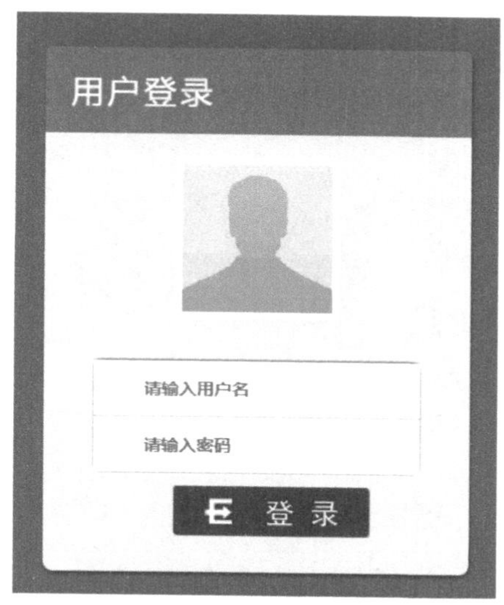

图 4-9　用户登录

提示：

(1) 用户登录后可以查看内容页面。

(2) 匿名用户访问内容页面时会自动跳转至登录页面。

(3) 要求使用全局过滤器配置。

Model(模型)

课程目标

❖ 掌握注解属性的使用方法

❖ 掌握结合强类型视图进行模型验证的方法

简介

在 ASP.NET MVC 中，Model(模型)负责所有与数据有关的任务，不管是Controller(控制器)还是View(示图)，都会参考Model中定义的数据类型或使用Model里提供的一些增删改查方法。Model中的代码只与数据及业务逻辑有关，因此读者应该专注于如何有效地提供数据访问机制、数据格式验证、业务逻辑验证等。

5.1 注解属性的使用

对于Web开发人员来说，用户输入验证一直是一个挑战。不仅客户端的浏览器需要执行验证逻辑，服务器端也需要执行。许多用户觉得验证是令人望而生畏的繁杂琐事，ASP.NET MVC框架则提供了数据注解的方式帮助我们处理这些琐事。

在MVC中，视图与服务端Action交互是基于Model进行数据传输的，不管做什么开发，数据的安全是我们首先要考虑的，在接收用户提交的数据信息之后，要校验用户提交的数据是否合法，就需要用到注解属性和模型验证。

数据注解特性提供了服务器端验证的功能，当在模型的属性上使用这些特性时，框架也支持客户端验证。

表5-1所示是一些常用的注解属性。

表5-1　常用的注解属性名称及说明

注解属性名称	注解属性说明
DisplayName	字段显示名称
Required	验证必填
StringLength	验证字段的最大长度
Range	验证字段范围
DataType	使用系统内置规则类型验证字段
RegularExpression	自定义验证规则

示例：通过注解属性对学生录入的信息进行格式校验。

我们将借助本书第2.4节中添加学生的案例，在学生实体StudentAddViewModel中加入注解属性，对输入的内容进行合法性校验。

在StudentAddViewModel类中加入对应的注解属性：

```
/// <summary>
```

```
/// 学员添加实体
/// </summary>
public class StudentAddViewModel
{
    /// <summary>
    /// 姓名
    /// </summary>
    [DisplayName("姓名")]
    [Required(ErrorMessage = "请输入姓名")]
    [StringLength(4, ErrorMessage = "您的名字太长了，是火星来的吗？")]
    public string Name { get; set; }

    /// <summary>
    /// 年龄
    /// </summary>
    [DisplayName("年龄")]
    [Required(ErrorMessage = "请输入年龄")]
    [Range(0, 130, ErrorMessage = "您寿比南山，打破了吉尼斯记录，您知道吗？")]
    [RegularExpression(@"^\d{1,3}$", ErrorMessage = "您输入的格式不正确，请换个格式再输
    一次")]
    public int Age { get; set; }

    /// <summary>
    /// 手机
    /// </summary>
    [DisplayName("手机")]
    [Required(ErrorMessage = "请输入手机")]
    [RegularExpression(@"^1[3578]\d{9}$", ErrorMessage = "您输入的手机格式比较另类，无法
    与您取得联系~")]
    public string Mobile { get; set; }

    /// <summary>
    /// 邮箱
    /// </summary>
    [DisplayName("邮箱")]
    [Required(ErrorMessage = "请输入邮箱")]
    [DataType(DataType.EmailAddress, ErrorMessage = "您输入的邮箱格式不正确~")]
    public string Email { get; set; }

    /// <summary>
    /// 班级 Id
    /// </summary>
    [DisplayName("班级")]
    [Required(ErrorMessage = "请选择班级")]
    public int ClassId { get; set; }
}
```

小　结

MVC 自带模型验证，它通过 System.ComponentModel.DataAnnotations 命名空间完成。我们要做的只是给 Model 类的各属性加上对应的验证特性(Attributes)，就可以让 MVC 框架完成验证。

5.2 结合强类型视图进行模型验证

继续 5.1 节的案例，在实现项目时，如果提交的数据不符合验证标准，通常需要提示错误信息。如果验证通过，就继续执行接下来的业务逻辑，这就需要在 MVC 项目中通过注解属性结合强类型视图进行模型验证。

在 ASP.NET MVC 中提供如下模型验证步骤：

(1) 在视图中使用 Html.ValidationMessageFor()方法对错误消息进行输出。

(2) 在 Action 中使用 ModelState.IsValid 判断模型验证是否通过。

(3) 若模型验证不通过，使用 ModelState.AddModelError()方法标记模型验证的错误信息。

示例：在添加新学员页面中对提交的数据做校验，如果验证不通过，则在前台显示错误信息。

(1) 在添加视图的时候我们利用强类型视图，在添加的时候选择对应的模板，并且勾选“引用脚本库”复选框，此时创建的视图会自动加入基于 jQuery 的脚本，如图 5-1 所示。

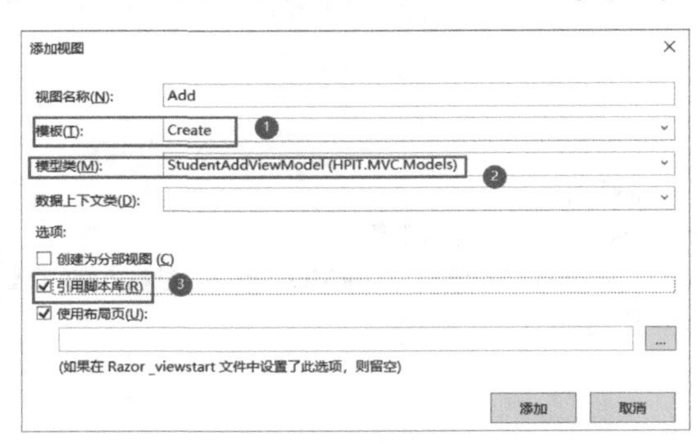

图 5-1　添加视图

(2) 在 Add.cshtml 中通过 Html.ValidationMessageFor 对表单元素进行错误信息的输出：

```
@model HPIT.MVC.Models.StudentEditViewModel

@{
```

```
    ViewBag.Title = "添加新学员";
}

<h2>添加新学员</h2>


@using (Html.BeginForm("Add","Home",FormMethod.Post))
{
    <div class="form-horizontal">
        <hr />
        @Html.ValidationSummary(true, "", new { @class = "text-danger" })
        <div class="form-group">

            @Html.LabelFor(model => model.Name, htmlAttributes: new { @class = "control-label
                        col-md-2" })
            <div class="col-md-10">
                @Html.EditorFor(model => model.Name, new { htmlAttributes = new { @class =
                        "form-control" } })
                @Html.ValidationMessageFor(model => model.Name, "", new { @class =
                                                "text-danger" })
            </div>
        </div>
        <div class="form-group">
            @Html.LabelFor(model => model.Age, htmlAttributes: new { @class = "control-label
                        col-md-2" })
            <div class="col-md-3">
                @Html.EditorFor(model => model.Age, new { htmlAttributes = new { @class =
                        "form-control" } })
                @Html.ValidationMessageFor(model => model.Age, "", new { @class =
                                                "text-danger" })
            </div>
        </div>
        <div class="form-group">
            @Html.LabelFor(model => model.Mobile, htmlAttributes: new { @class = "control-label
                        col-md-2" })
            <div class="col-md-10">
                @Html.EditorFor(model => model.Mobile, new { htmlAttributes = new { @class =
                        "form-control" } })
                @Html.ValidationMessageFor(model => model.Mobile, "", new { @class =
                                                "text-danger" })

            </div>
        </div>
        <div class="form-group">
            @Html.LabelFor(model => model.Email, htmlAttributes: new { @class = "control-label
                        col-md-2" })
```

```
            <div class="col-md-10">
                @Html.EditorFor(model => model.Email, new { htmlAttributes = new { @class =
                                    "form-control" } })
                @Html.ValidationMessageFor(model => model.Email, "", new { @class =
                                                "text-danger" })
            </div>
        </div>
        <div class="form-group">
            @Html.LabelFor(model => model.ClassId, htmlAttributes: new { @class = "control-label
                            col-md-2" })
            <div class="col-md-3">
                @Html.DropDownListFor(model => model.ClassId, (List<SelectListItem>)ViewBag.
                                        ClassInfo, new { @class = "form-control" })
            </div>

        </div>
        <div class="form-group">
            <div class="col-md-offset-2 col-md-10">
                <input type="submit" value="添加学员" class="btn btn-default" />
            </div>
        </div>
        <div class="form-group">
            <div class="col-md-offset-2 col-md-10">
                <label style="color:red">@ViewBag.Msg</label>
            </div>
        </div>
    </div>

}
```

(3) 在控制器的提交学生信息的 Action 中，添加对模型验证的逻辑，通过 ModelState.IsValid 判断验证是否通过，使用 ModelState.AddModelError()方法标记模型验证的错误信息。

```
/// <summary>
/// 提交添加新学员
/// </summary>
/// <param name="model"></param>
/// <returns></returns>
[HttpPost]
public ActionResult Add(StudentAddViewModel model)
{
    //1.模型验证
    if (ModelState.IsValid)
    {
        //2.如果验证通过，写入新数据
        //2.1 实例化数据访问上下文
```

```
            using (var db = new StudentModel())
            {
                var entity = new Student()
                {
                    AddTime = DateTime.Now,
                    Age = model.Age,
                    ClassId = model.ClassId,
                    Email = model.Email,
                    Mobile = model.Mobile,
                    Name = model.Name
                };

                //2.2 调用 Add 方法
                db.Student.Add(entity);
                //2.3 提交操作
                db.SaveChanges();
                ViewBag.Msg = "新学员添加成功！";
            }
        }
        else
        {   //3.如果验证不通过，消息提示
            ModelState.AddModelError("", "您输入的信息有误！");
        }
        ViewBag.ClassInfo = GetClassInfo();
        return View(model);
    }
```

(4) 运行项目后，录入不符合要求的信息，单击提交会出现验证失败的信息提示，如图 5-2 所示。

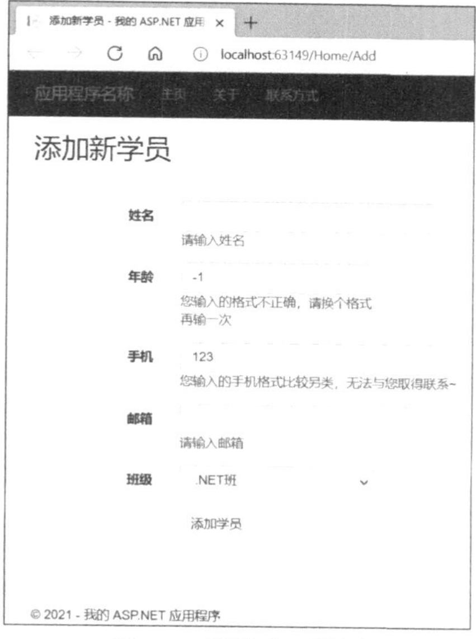

图 5-2　模型验证效果

小 结

ASP.NET MVC 模型验证极大地简化了 Web 应用的验证集成。它倡议一种基于模型的验证方式，帮助确保验证规则在整个应用中保持一致。通过配置，可以轻松实现数据的客户端校验和服务端校验。

单元小结

- DisplayName 用来显示字段名称。
- Required 用来验证必填。
- StringLength 用来验证字段的最大长度。
- Range 用来验证字段范围。
- DataType 使用系统内置规则类型验证字段。
- RegularExpression 用来制定自定义验证规则。

选择题

1. 以下(　　)注解属性用来限制字符长度。

   A. Required　　　　B. StringLength

   C. Range　　　　D. RegularExpression

2. 以下(　　)注解属性用来限制数字范围。

   A. RegularExpression　　　　B. Required

   C. DisplayName　　　　D. Range

3. 以下方法(　　)判断模型验证是否通过。

   A. ModelState.AddModelError　　　　B. ModelState.IsValid

   C. HTML.Validation　　　　D. HTML.IsValid

4. 若模型验证不通过，使用(　　)方法来标记模型验证的错误信息。

   A. ModelState.AddModelError()　　　　B. ModelState.IsValid

   C. HTML.Validation　　　　D. HTML. AddModelError()

5. (　　)注解属性可以使用系统内置规则类型验证字段。

A. RegularExpression　　B. Required

C. DataType　　D. Range

■ 问答题

1. MVC 中如何进行模型验证？

2. 列举出在 MVC 中常见的注解属性及其作用。

上机实战

■ 练习：利用模型验证实现注册功能。

效果图如图 5-3 所示。

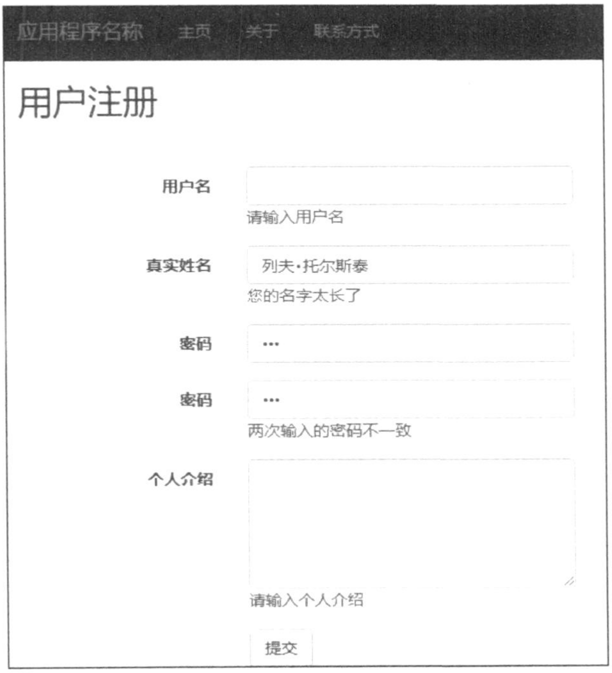

图 5-3　表单验证效果

提示：

(1) 参考效果图实现页面效果。

(2) 对用户输入的内容进行格式的校验，如果不符合要求则给出相应的信息提示。

ASP.NET MVC项目实战

课程目标

❖ 了解项目开发背景
❖ 了解项目业务流程
❖ 掌握项目数据库的构建方法
❖ 掌握项目框架的搭建方法

简介

通过对前面几个单元的学习，我们掌握了ASP.NET MVC项目开发的基本流程，也通过对每个单元的系统学习，明白了在MVC项目中模型、视图和控制器的职责所在及其具体可以实现的功能。有了这些基础的理论，我们便可以将这些知识综合起来开发一个企业级标准的ASP.NET MVC Web应用程序。从本单元开始，将进入项目的实战阶段。

6.1 项目介绍

在以消费者为主导的企业(商家)范围内，实行会员制管理能够更好地提升客户的忠诚度，减少客户的流失。完整、精确的会员管理系统，更能提升企业(商家)的实际效益。

《会员消费积分管理平台》便是这样一款专业的会员积分管理系统，可针对不同行业(酒店、会所、餐饮、休闲、娱乐、服务、销售门店、超市等)实现对会员基本信息、快速消费、积分兑换、统计中心等综合性的管理，整个系统界面应简洁优美，操作直观简单，无须专门培训即可上手操作。

6.1.1 项目目标

- 掌握流行的ASP.NET MVC开发模式和Entity Framework框架。
- 掌握开源的EasyUI前端框架，培养专业技术文档的写作能力。
- 掌握ASP.NET MVC开发模式下如何利用Ajax进行数据前后台交互。
- 强化对企业项目的业务流程的梳理能力。

6.1.2 项目模块

项目一共分为五大模块，如图6-1所示。

- 用户管理，该模块完成系统用户的人员管理，已添加的用户可以登录系统，不同角色的用户具有不同的菜单显示权限。
- 会员等级管理，包括配置会员等级信息、设置积分兑换比例和折扣比例。

- 会员管理，维护店铺会员的信息、会员卡的挂失与锁定。
- 会员消费，即会员店铺消费，根据会员等级进行折扣并积累积分。
- 消费历史记录，以便查看会员在店铺消费的历史记录。

具体如图 6-1 所示。

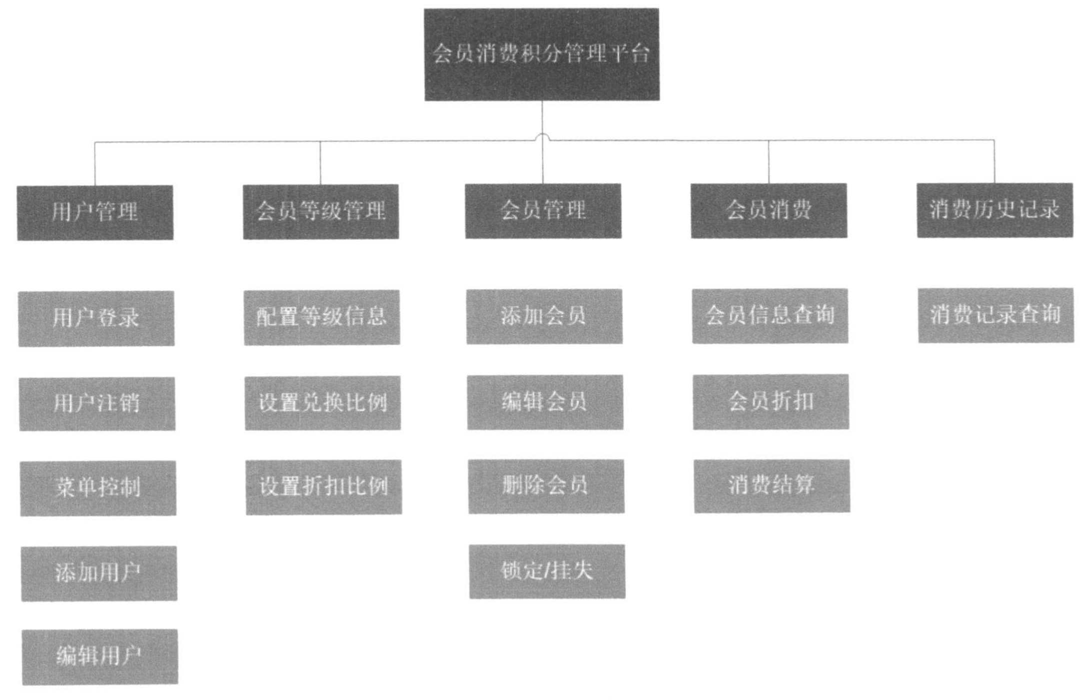

图 6-1　项目模块

6.1.3 业务流程

本系统的业务相信大家都不会陌生，我们在超市、发廊、酒店等场所都会办理会员卡，每次消费的时候凭借会员卡可以享受 VIP 待遇，比如享受会员优惠价格、积累消费积分等。

“会员消费积分管理平台”就是这样一款会员管理系统，其主要业务流程如图 6-2 所示。

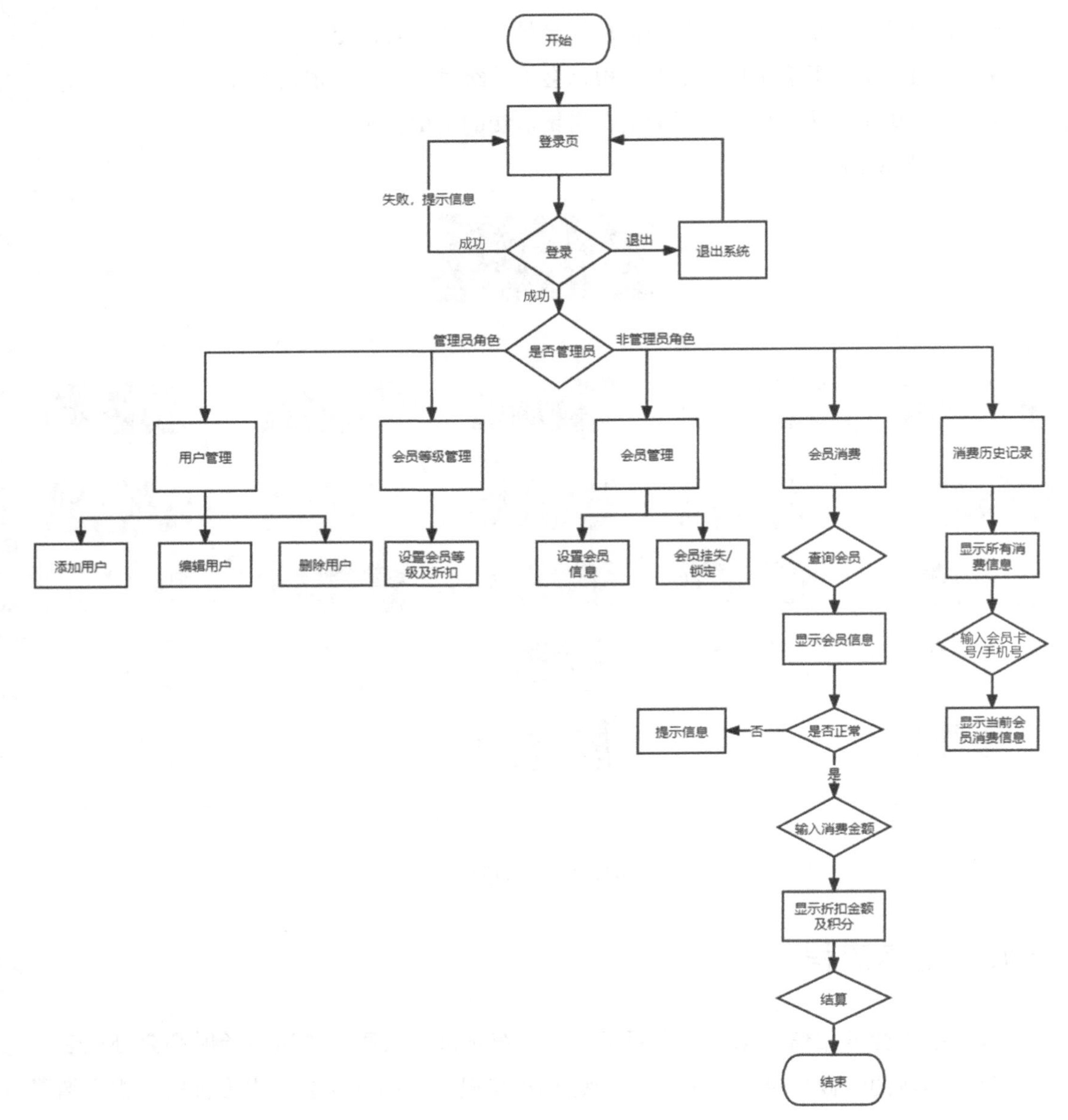

图 6-2　业务流程

6.1.4 环境要求

- 开发环境：.NET Framework 4.5 版本或以上。
- 运行环境：Windows Server 2003 版本或以上。
- 数 据 库：SQL Server 2012 版本或以上。
- 开发工具：Visual Studio 2015 版本或以上。

6.1.5 技术要求

本项目结合在前面单击所学内容，利用 ASP.NET MVC 开发模式来构建 Web 应用程序，数据库采用 SQL Server，ORM 框架使用 Entity Framework，为了使界面更加美观，前端使用开源的第三方 UI 框架 EasyUI 来实现。整体项目技术架构图如图 6-3 所示。

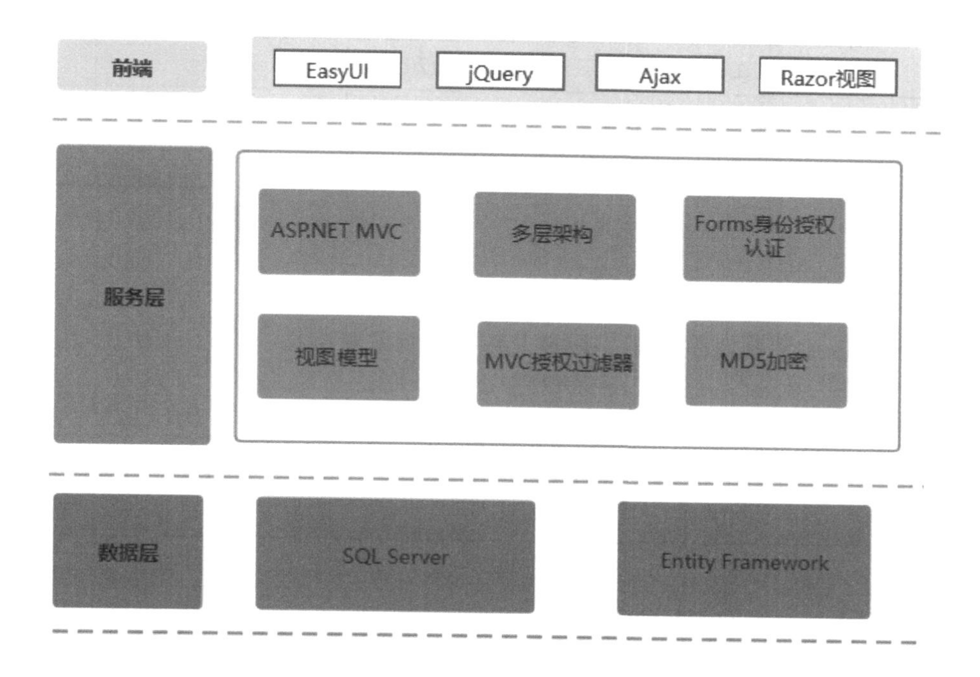

图 6-3　项目技术架构图

6.2 数据库设计

根据需求及业务流程，可知需要以下 4 张表：

- CardLevels(会员等级)表。
- ConsumeOrders(消费订单)表。
- MemCards(会员)表。
- Users(用户)表。

1. CardLevels(会员等级)表

CardLevels(会员等级)表的字段名及数据类型见表 6-1。

表 6-1 会员等级表

字段显示	字段名	数据类型	主键	外键	自动增长
等级编号	CL_ID	int	TRUE		TRUE
等级名称	CL_LevelName	nvarchar(20)			
积分比例	CL_Point	float			
折扣比例	CL_Percent	float			

2. ConsumeOrders(消费订单)表

ConsumeOrders(消费订单)表的字段名及数据类型见表 6-2。

表 6-2 消费订单表

字段显示	字段名	数据类型	主键	外键	自动增长
消费编号	CO_ID	int	TRUE		TRUE
用户编号	U_ID	int		TRUE	
订单号	CO_OrderCode	nvarchar(20)			
会员编号	MC_ID	int		TRUE	
额度	CO_TotalMoney	decimal(18,2)			
实际支付	CO_DiscountMoney	decimal(18,2)			
兑/减积分	CO_GavePoint	int			
备注	CO_Remark	varchar(255)			
消费时间	CO_CreateTime	datetime			

3. MemCards(会员)表

MemCards(会员)表的字段名及数据类型见表 6-3。

表 6-3 会员表

字段显示	字段名	数据类型	主键	外键	自动增长
会员编号	MC_ID	int	TRUE		TRUE
会员等级	CL_ID	int		TRUE	
会员卡号	MC_CardID	nvarchar(50)			TRUE
卡片密码	MC_Password	nvarchar(20)			
会员姓名	MC_Name	nvarchar(20)			
会员性别	MC_Sex	bit			
手机号码	MC_Mobile	nvarchar(50)			
会员生日—月	MC_Birthday_Month	int			
会员生日—日	MC_Birthday_Day	int			
是否设置卡片过期时间	MC_IsPast	bit			
卡片过期时间	MC_PastTime	datetime			
当前积分	MC_Point	int			
卡片付费	MC_Money	decimal(18,2)			
累计消费	MC_TotalMoney	decimal(18,2)			
累计消费次数	MC_TotalCount	int			
卡片状态	MC_State	int			
登记日期	MC_CreateTime	datetime			

4. Users(用户)表

Users(用户)表的字段名及数据类型见表 6-4。

表 6-4 用户表

字段显示	字段名	数据类型	主键	外键	自动增长
用户编号	U_ID	int	TRUE		TRUE
店铺编号	S_ID	int		TRUE	
用户登录名	U_LoginName	nvarchar(20)			
密码	U_Password	nvarchar(50)			
真实姓名	U_RealName	nvarchar(20)			
性别	U_Sex	bit			
电话	U_Telephone	nvarchar(20)			
角色	U_Role	int			
是否可以删除	U_CanDelete	bit			

6.3 项目构建

一切准备就绪后，接下来就可以开始构建项目。项目整体以 ASP.NET MVC Web 应用程序为主，并采用我们熟悉的 Entity Framework 框架来实现数据的访问。

6.3.1 搭建架构

搭建项目架构的具体步骤如下。

(1) 打开 Visual Studio，选择“创建新项目”→“ASP.NET Web 应用程序(.NET Framework)”选项，然后单击“下一步”按钮，如图 6-4 所示。

图 6-4 创建新项目

(2) 依次填写“项目名称”“位置”“解决方案名称”并选择框架的版本，然后单击“创建”按钮，如图 6-5 所示。

(3) 在接下来的界面中选择“空”项目模板，在右侧“添加文件夹和核心引用”中选择“MVC”复选框，并将“高级”部分中“为 HTTPS”配置取消勾选，然后单击“创建”按钮，如图 6-6 所示。

配置新项目

ASP.NET Web 应用程序(.NET Framework) C# Windows 云 Web

项目名称(J)

HPIT.MemberPoint.Web

位置(L)

F:\Project

解决方案名称(M)

HPIT.MemberPoint

将解决方案和项目放在同一目录中(D)

框架(F)

.NET Framework 4.8

上一步(B) 创建(C)

图 6-5 配置新项目

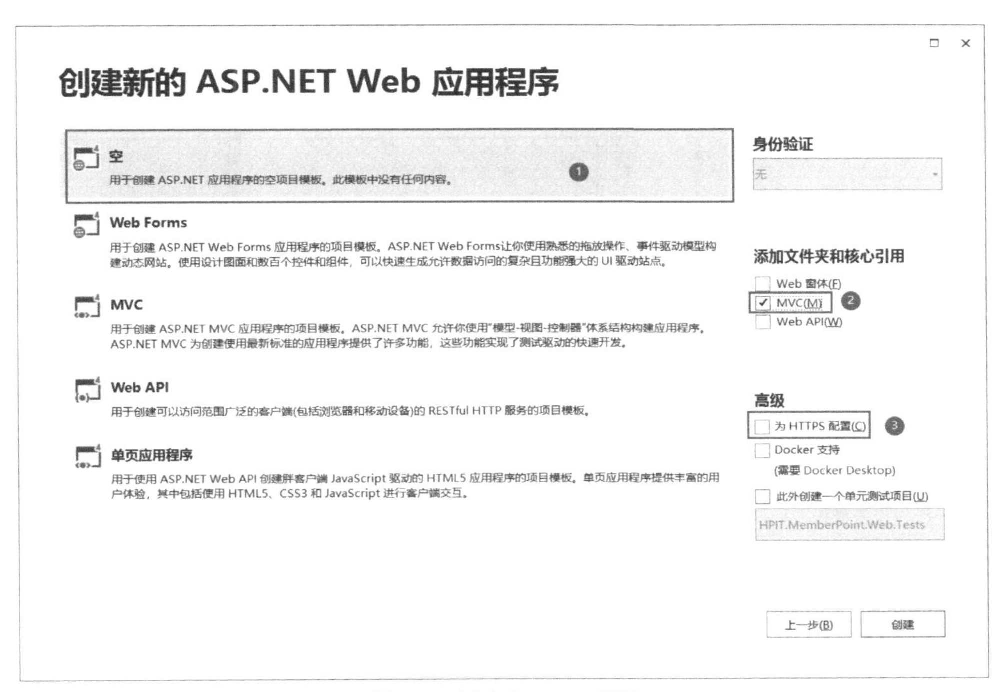

图 6-6 创建空 MVC 项目

创建完成后，在“解决方案资源管理器”中会看到创建好的 ASP.NET MVC 项目，如图 6-7 所示。

图 6-7　项目目录结构

(4) 接下来创建业务逻辑层，在解决方案上右击，选择“添加”→“新建项目”选项，找到“类库”项目，单击“下一步”按钮，如图 6-8 所示。

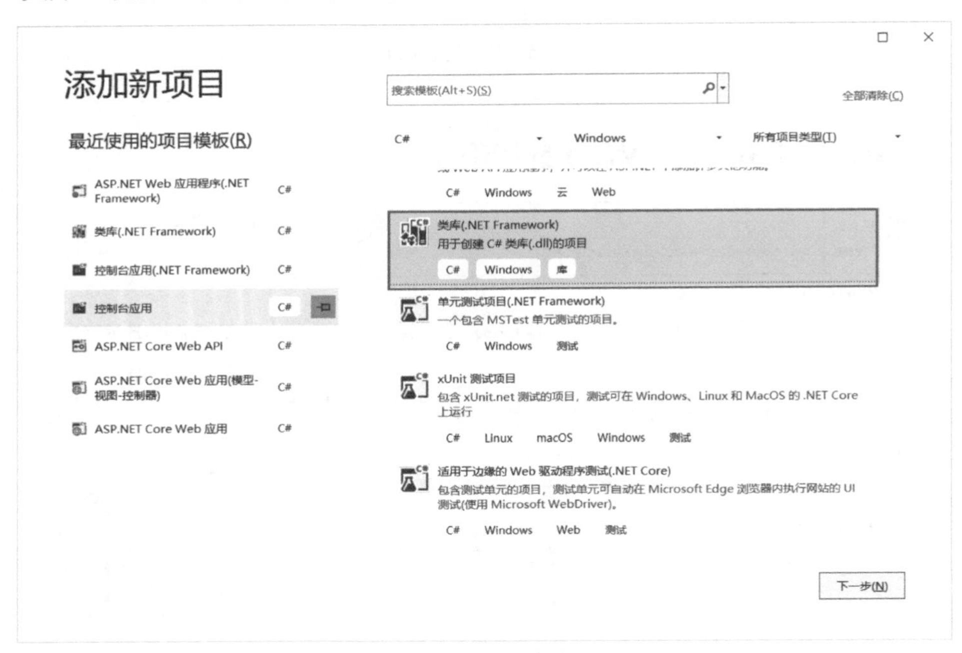

图 6-8　添加类库

(5) 依次填写“项目名称”“位置”并选择框架版本，然后单击“创建”按钮，如图 6-9 所示。

(6) 重复上述添加“类库”的步骤，再创建实体层和公共层，最终创建出的项目结构如图 6-10 所示。

图 6-9　配置类库

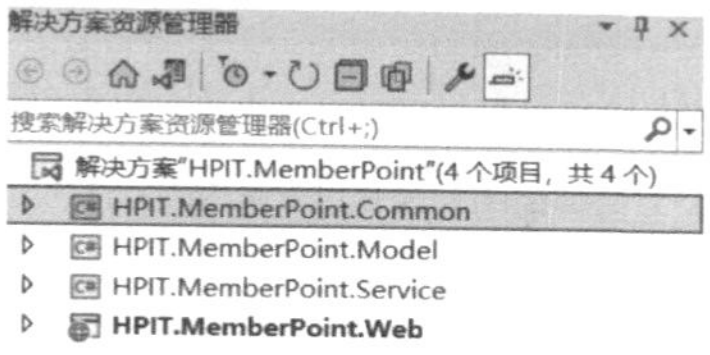

解决方案资源管理器
搜索解决方案资源管理器(Ctrl+;)
解决方案"HPIT.MemberPoint"(4 个项目，共 4 个)
HPIT.MemberPoint.Common
HPIT.MemberPoint.Model
HPIT.MemberPoint.Service
HPIT.MemberPoint.Web

图 6-10　项目多层架构

各层的意义如下：

- HPIT.MemberPoint.Web：UI 层，用于显示系统界面。
- HPIT.MemberPoint.Service：业务逻辑层，用户封装各个模块的处理业务。
- HPIT.MemberPoint.Model：实体层，用户封装各个模块所需的实体模型。
- HPIT.MemberPoint.Common：公共层，用于存放一些公共助手类，如字符串处理、加密算法、枚举等。

6.3.2 添加 Entity Framework

项目的基本结构已经创建完毕，接下来向其中添加具体的内容，由于我们的项目采用了 Entity Framework 这种 ORM 框架，所以先在实体层中进行添加。

(1) 为了更好地管理实体，在 HPIT.MemberPoint.Model 层中添加一个“Entities”文件夹，用来存放由 Entity Framework 生成的实体模型，如图 6-11 所示。

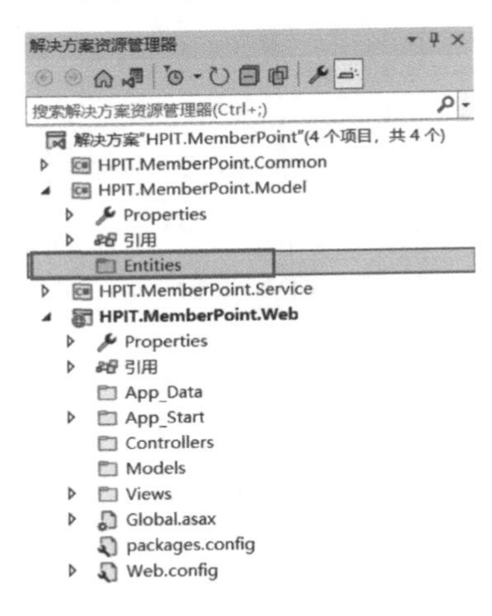

图 6-11　添加 Entities 文件夹

(2) 在 Entities 文件夹中利用 Entity Framework 生成数据库对应的实体和数据库访问上下文，具体操作请参考本书单元二，添加完成后如图 6-12 所示。

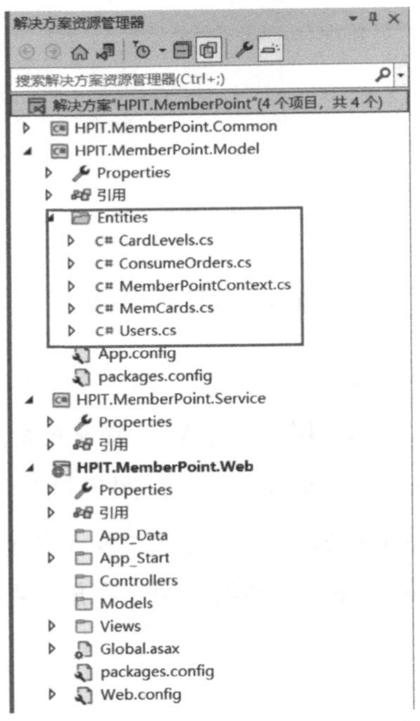

图 6-12　利用 Entity Framework 生成实体

6.3.3 编写测试代码

添加完 Entity Framework 后，便可以编写测试代码，来检测我们的项目框架前后台及数据库是否可以打通，这是后面做具体业务功能的基础。接下来以查询其中一个表 CardLevels(会员等级)表为例，看是否能够在 UI 层显示数据。

(1) 在 HPIT.MemberPoint.Model 实体层中添加 ViewModels 文件夹，并添加 CardLevelViewModel 类，表示前台页面需要显示的会员等级属性信息。

```
using System;
using System.Collections.Generic;
using System.Linq;
using System.Text;
using System.Threading.Tasks;

namespace HPIT.MemberPoint.Model.ViewModels
{
    public class CardLevelViewModel
    {
        public int Id { get; set; }
        public string LevelName { get; set; }
        public double Point { get; set; }
        public double Percent { get; set; }
    }
}
```

(2) 在业务逻辑层 HPIT.MemberPoint.Service 中添加 CardLevelService 类，编写获取会员卡信息列表的方法。

```
using HPIT.MemberPoint.Model.Entities;
using HPIT.MemberPoint.Model.ViewModels;
using System;
using System.Collections.Generic;
using System.Linq;
using System.Text;
using System.Threading.Tasks;

namespace HPIT.MemberPoint.Service
{
    public class CardLevelService
    {
        /// <summary>
        /// 测试获取所有会员卡信息
        /// </summary>
        /// <returns></returns>
        public List<CardLevelViewModel> GetList()
```

```
        {
            using(var db=new MemberPointContext())
            {
                return db.CardLevels.Select(e => new CardLevelViewModel()
                {
                    Id = e.CL_ID,
                    LevelName = e.CL_LevelName,
                    Percent = e.CL_Percent,
                    Point = e.CL_Point
                }).ToList();
            }
        }
    }
}
```

注意：此步骤需要在 HPIT.MemberPoint.Service 层中添加 Entity Framework 程序集的引用，版本号应保持一致。

(3) 在 HPIT.MemberPoint.Web 表现层的 Controllers 文件夹中添加一个新的控制器，用来调用业务逻辑层中的方法。

```
using HPIT.MemberPoint.Service;
using System;
using System.Collections.Generic;
using System.Linq;
using System.Web;
using System.Web.Mvc;

namespace HPIT.MemberPoint.Web.Controllers
{
    public class CardLevelController : Controller
    {
        /// <summary>
        /// 测试获取会员卡信息
        /// </summary>
        /// <returns></returns>
        public ActionResult Index()
        {
            CardLevelService cardLevelService = new CardLevelService();
            var list = cardLevelService.GetList();
            return Json(list, JsonRequestBehavior.AllowGet);
        }
    }
}
```

注意：此步骤同样需要在该层添加对 Entity Framework 程序集的引用，并确认每个层中的版本保持一致。

(4) 在 HPIT.MemberPoint.Web 表现层中的 Web.config 添加数据库连接字符串。

```
<connectionStrings>
  <add name="MemberPointContext" connectionString="data source=.;initial catalog=
     MemberPoint;integrated security=True;MultipleActiveResultSets=True;App=EntityFramework"
     providerName="System.Data.SqlClient" />
</connectionStrings>
  <appSettings>
```

(5) 浏览运行项目，请求 http://localhost:6373/CardLevel/Index，能够在浏览器中看到会员等级信息 JSON 格式的字符串，说明我们的项目框架已经搭建完毕，并且可以实现与数据的交互，如图 6-13 所示。

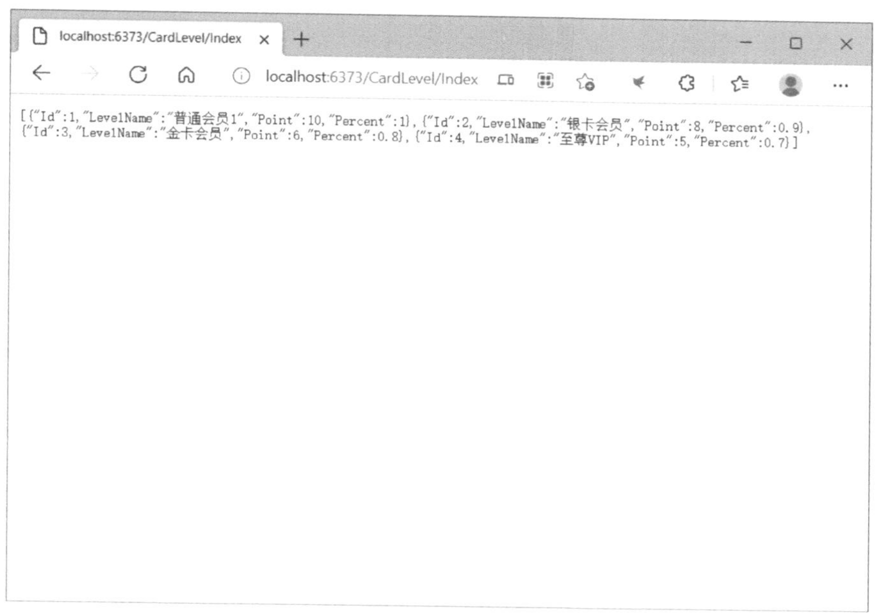

图 6-13　返回测试数据

- 了解“会员消费积分管理平台”系统的基本业务与技术要求。
- 创建项目所需的数据库和对应的表结构。
- 搭建 ASP.NET MVC Web 项目的框架。
- 编写测试代码，了解本项目架构的开发流程，并通过 Entity Framework 实现与数据库的交互。

系统登录与注销

课程目标

❖ 实现后台用户登录功能

❖ 实现后台用户退出功能

❖ 实现页面授权校验效果

❖ 实现根据角色控制菜单显示效果

简介

通过对上一单元的学习，我们已经搭建出了项目的架构，并且成功利用 Entity Framework 访问数据库，实现了数据的读取。从本单元开始，我们便开始实现项目中的具体业务。首先要实现的就是系统的登录和注销功能。

7.1 实现用户登录

7.1.1 任务目标

- 用户通过账号及密码登录系统。
- 根据用户角色显示不同的菜单。

7.1.2 任务描述

用户登录是所有系统中必有的一个功能，在系统后台，用户可以凭借用户名和密码实现用户的登录，匿名用户则无法访问首页。登录成功后，根据用户的角色显示不同的菜单，如系统管理员用户可以看到“系统管理”和“用户管理”菜单，业务员可以看到“会员管理”和“会员消费”菜单。

7.1.3 实施步骤

(1) 在 HPIT.MemberPoint.Model 中的 ViewModels 文件夹下添加一个 LoginViewModel 类，用来接收登录页面提交的用户名和密码。

```
using System.ComponentModel.DataAnnotations;

namespace HPIT.MemberPoint.Model.ViewModels
{
    public class LoginViewModel
    {
        [Required(ErrorMessage = "请输入用户名")]
        public string LoginName { get; set; }

        [Required(ErrorMessage = "请输入密码")]
        public string Password { get; set; }
    }
}
```

(2) 在 HPIT.MemberPoint.Model 中的 ViewModels 文件夹下再添加一个 LoginInfoViewModel 类，用来保存登录之后与用户相关的信息。

```
namespace HPIT.MemberPoint.Model.ViewModels
{
    public class LoginInfoViewModel
    {
        public int Id { get; set; }
        public string RealName { get; set; }
        public int RoleId { get; set; }
        public string Telephone { get; set; }
    }
}
```

(3) 在 HPIT.MemberPoint.Common 层中添加 EncryptHelper 类，用来封装 MD5 加密的方法。

```
using System.Security.Cryptography;
using System.Text;

namespace HPIT.MemberPoint.Common
{
    public class EncryptHelper
    {
        public static string GetMd5Hash(string str)
        {
            using (MD5 md5Obj = MD5.Create())
            {
                var md5Bytes = md5Obj.ComputeHash(Encoding.UTF8.GetBytes(str));
                StringBuilder builder = new StringBuilder();
                for (int i = 0; i < md5Bytes.Length; i++)
                {
                    builder.Append(md5Bytes[i].ToString("X2"));
                }
                return builder.ToString();
            }
        }
    }
}
```

(4) 在 HPIT.MemberPoint.Common 层中添加 JsonExtension 类，用来封装 JSON 序列化和反序列化的扩展方法。

```
using Newtonsoft.Json;

namespace HPIT.MemberPoint.Common
{
```

```
    public static class JsonExtension
    {
        /// <summary>
        /// 将对象序列化成 JSON 格式的字符串
        /// </summary>
        /// <param name="obj"></param>
        /// <returns></returns>
        public static string ToJson(this object obj)
        {
            return JsonConvert.SerializeObject(obj);
        }

        /// <summary>
        /// 将字符串反序列化为对象
        /// </summary>
        /// <typeparam name="T"></typeparam>
        /// <param name="str"></param>
        /// <returns></returns>
        public static T ToObject<T>(this string str)
        {
            if (!string.IsNullOrWhiteSpace(str))
            {
                return JsonConvert.DeserializeObject<T>(str);
            }
            else
            {
                return default(T);
            }
        }
    }
}
```

注意：

此步骤需要添加对程序集 Newtonsoft.Json 的引用。

(5) 在 HPIT.MemberPoint.Service 中添加 UserService 类，用来编写和用户相关的业务逻辑，封装一个登录的方法。

```
using HPIT.MemberPoint.Common;
using HPIT.MemberPoint.Model.Entities;
using HPIT.MemberPoint.Model.ViewModels;
using System.Linq;
using System.Web.Security;

namespace HPIT.MemberPoint.Service
{
```

```
    public class UserService
    {
        /// <summary>
        /// 根据用户名和密码进行登录
        /// </summary>
        /// <param name="viewModel"></param>
        /// <returns></returns>
        public bool UserLogin(LoginViewModel viewModel)
        {
            using (var db = new MemberPointContext())
            {
                //获取 MD5 加密后的字符串
                string md5Pwd = EncryptHelper.GetMd5Hash(viewModel.Password);
                var model = db.Users.FirstOrDefault(u => u.U_LoginName ==
                                        viewModel.LoginName && u.U_Password == md5Pwd);
                if (model != null)
                {
                    var loginInfo = new LoginInfoViewModel()
                    {
                        Id = model.U_ID,
                        RealName = model.U_RealName,
                        RoleId = model.U_Role,
                        Telephone = model.U_Telephone
                    };

                    var json = loginInfo.ToJson();

                    //利用 Froms 授权认证将用户登录的信息加密后存入 Cookie 中
                    FormsAuthentication.SetAuthCookie(json, true);
                    return true;
                }
                return false;

            }
        }
    }
}
```

(6) 在 HPIT.MemberPoint.Web 层的 Controllers 文件夹里添加 HomeController 控制器，并添加一个加载登录页面的 Action。

```
using HPIT.MemberPoint.Model.ViewModels;
using HPIT.MemberPoint.Service;
using System.Web.Mvc;
using System.Web.Security;

namespace HPIT.MemberPoint.Web.Controllers
```

```
{
    public class HomeController : Controller
    {
        /// <summary>
        ///  加载登录视图
        /// </summary>
        /// <returns></returns>
        [HttpGet]
        public ActionResult Login()
        {
            return View();
        }
    }
}
```

(7) 在 Login 方法上右击添加新的视图，编写登录的前台页面布局。

```
using HPIT.MemberPoint.Model.ViewModels;
using HPIT.MemberPoint.Service;
using System.Web.Mvc;
@model HPIT.MemberPoint.Model.ViewModels.LoginViewModel
@{
    Layout = null;
}

<!DOCTYPE html>

<html>
<head>
    <meta name="viewport" content="width=device-width" />
    <title>登录-会员消费积分管理平台</title>
    <link href="~/Content/Site.css" rel="stylesheet" />
    <link href="~/Content/login.css" rel="stylesheet" />
</head>
<body>
    @using (Html.BeginForm("Login", "Home", FormMethod.Post))
    {
        <div class='signup_container'>
            <h1 class='signup_title'>
                用户登录
            </h1>
            <img src="../../Content/images/people.png" id='admin' />
            <div id="signup_forms" class="signup_forms clearfix">
                <div class="form_row first_row">
                    <label for="LoginName">
                        请输入用户名
                    </label>
                    @Html.TextBoxFor(m => m.LoginName, new { placeholder = "请输入用户名" })
```

```
                    @Html.ValidationMessageFor(m => m.LoginName)
                </div>
                <div class="form_row">
                    <label for="Password">
                        请输入密码
                    </label>
                    @Html.PasswordFor(m => m.Password, new { placeholder = "请输入密码" })
                    @Html.ValidationMessageFor(m => m.Password)
                </div>
            </div>
            <div class="login-btn-set">
                <input type="submit" value="" class='login-btn' />
            </div>
            <div style="color:red">@ViewBag.Msg</div>
        </div>
    }

</body>
</html>
```

(8) 在 HPIT.MemberPoint.Web 表现层中添加前台页面所需的静态资源文件，即图片、JS 文件、CSS 文件、EasyUI 包等，如图 7-1 所示。

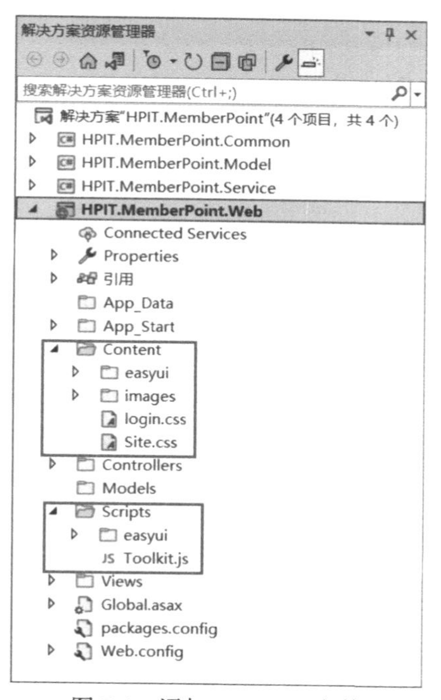

图 7-1　添加 CSS、JS 文件

(9) 在 HomeController 中添加 Login 方法，用来接收登录表单提交的信息，并调用业务逻辑层中登录的处理方法。

```
/// <summary>
/// 提交登录表单
/// </summary>
/// <returns></returns>
[HttpPost]
public ActionResult Login(LoginViewModel viewModel)
{
    if (ModelState.IsValid)
    {
        UserService userService = new UserService();
        var result = userService.UserLogin(viewModel);
        if(result)
        {
            return RedirectToAction("Index");
        }
        else
        {
            ViewBag.Msg = "输入的用户名或密码不正确";
        }
    }
    else
    {
        ViewBag.Msg = "您输入的用户名或密码格式不正确";
    }
    return View(viewModel);
}
```

(10) 在 HPIT.MemberPoint.Web 表现层的 Web.config 配置 Forms 身份授权认证。

```
<!--配置 Forms 身份授权认证-->
<authentication mode="Forms">
    <forms name="loginUser" loginUrl="/Home/Login" timeout="30"></forms>
</authentication>
```

(11) 在 HomeController 中添加 Index 方法，用来加载首页视图，并且在 Action 方法上加上[Authorize]，利用授权过滤器对该请求进行用户身份校验，禁止匿名用户访问。

```
/// <summary>
/// 加载首页
/// </summary>
/// <returns></returns>
[HttpGet]
[Authorize]
public ActionResult Index()
{
    return View();
}
```

(12) 在 Index 方法上右击，添加新视图，编写首页页面布局，由于后台内容页面是基于 EasyUI 来实现的，所以需要添加对 EasyUI 相关 JS、CSS 文件的引用，并在视图中通过 Razor 语法来获取当前登录的用户信息，显示在页面头部。

```
@using HPIT.MemberPoint.Model.ViewModels;
@using HPIT.MemberPoint.Common

@{
    Layout = null;
}

<!DOCTYPE html>

<html>
<head>
    <meta name="viewport" content="width=device-width" />
    <title>会员消费积分管理平台</title>
    <link href="~/Content/Site.css" rel="stylesheet" />
    <link href="~/Content/easyui/default/easyui.css" rel="stylesheet" />
    <link href="~/Content/easyui/icon.css" rel="stylesheet" />
    <script src="~/Scripts/easyui/jquery-1.11.1.js"></script>
    <script src="~/Scripts/easyui/jquery-easyui-min.js"></script>
    <script src="~/Scripts/easyui/easyui-lang-zh_CN.js"></script>
    <script type="text/javascript">
        $(function () {
            //绑定菜单单击事件
            BindMenuClickHrefEvent();
            //实现 Tab 布局
            $("#ttTab").tabs({});

            $(".CloseAll").click(function () {
                $("#ttTab li").each(function (index, obj) {
                    //获取所有可关闭的选项卡
                    var tab = $(".tabs-closable", this).text();
                    $(".easyui-tabs").tabs('close', tab);
                });
            });
            var b_c, c;
            $(".ul-menu li").hover(
                function () {
                    b_c = $(this).css("background-color");
                    $(this).css("background-color", "#34AFFF");
                    c = $(this).css("color");
                    $(this).css("color", "#ffffff");
                    $(this).css("cursor", "pointer");
                },
```

```
                function () {
                    $(this).css("background-color", b_c);
                    $(this).css("color", c);
                }
            );
        });

        //实现用户单击导航栏跳转页面的方法
        function BindMenuClickHrefEvent() {
            $(".ul-menu li a").click(function () {
                //获取按钮里面的 SRC 属性
                var src = $(this).attr("url");
                //将主框架的 iframe 跳转到菜单指向的地址
                //Tab 页面新增页面标签，单击左边的导航栏时跳转
                var titleShow = $(this).text();
                var strHtml = '<iframe id="frmWorkArea" width="100%" height="99%" frameborder=
                        "0" scrolling="no" src="' + src + '"></iframe>';
                //判断 Tab 标签中是否有相同的数据标签
                var isExist = $("#ttTab").tabs('exists', titleShow);
                if (!isExist) {
                    $("#ttTab").tabs('add', {
                        title: titleShow,
                        content: strHtml,
                        iconCls: 'icon-ok',
                        closable: true
                    });
                }
                else {
                    $('#ttTab').tabs('select', titleShow);
                }
            });
        }

    </script>
</head>
<body class="easyui-layout">
    <div data-options="region:'north',border:false" style="height: 63px; background:
     #2E70CC;padding:10px; color: #ffffff">
        <div style="float: left;">
            <img alt="Logo" src="/Content/images/logo.png" width="120" height="40" />
        </div>
        <div style="float: left; font-size: 14px; padding-left: 30px; padding-top: 15px;">
            会员消费积分管理平台     当前用户:
            @{

                var json = HttpContext.Current.User.Identity.Name;
```

```
            //角色 id
            int roleId = 0;

            //要把 JSON 格式的字符串转换成对象
            if (!string.IsNullOrEmpty(json))
            {
                //反序列化
                var user= json.ToObject<LoginInfoViewModel>();
                if (user!= null)
                {
                    roleId = user.RoleId;
                    <span> @dto.RealName </span>
                }
                else
                {
                    <span> 尚未登录 </span>
                }
            }



        }
    </div>
    <div class="link" style="float: right;font-size: 14px; padding-right:100px; padding-top:
     10px;background: #2E70CC;">
        <a href="#" class="easyui-linkbutton CloseAll" data-options=
         "plain:true,iconCls:'icon_Delete'">关闭全部</a>
        <a href="#" class="easyui-menubutton" data-options=
         "menu:'#mm1',iconCls:'icon_Person2'">
            账号管理
        </a>
    </div>
    <div id="mm1" style="width: 150px;">
        <div data-options="iconCls:'icon-back'">
            <a href="#" id="btn_Logout">退出登录</a>
        </div>
    </div>
</div>
<div data-options="region:'west',split:true,title:'菜单导航'" style="width: 180px;">
    <div class="easyui-accordion" data-options="fit:true,border:false">

            <div title="系统管理" style="padding: 10px;">
                <ul class='ul-menu'>
                    <li><a url="/CardLevel/Index">会员等级管理</a></li>
                </ul>
            </div>
```

```
                <div title="用户管理" style="padding: 10px;">
                    <ul class='ul-menu'>
                        <li><a url="/User/Index">用户列表</a></li>
                    </ul>
                </div>


                <div title="会员管理" style="padding: 10px;">
                    <ul class='ul-menu'>
                        <li><a url="@Url.Action("Index", "MemrCard")">会员列表</a></li>
                    </ul>
                </div>
                <div title="会员消费" style="padding: 10px;">
                    <ul class='ul-menu'>
                        <li><a url="/ConsumeOrder/Fastconsumption">快速消费</a></li>
                        <li><a url="/ConsumeOrder/Index">消费历史记录</a></li>
                    </ul>
                </div>
        </div>
    </div>
    <div data-options="region:'center'" style="overflow: hidden;">
        <div id="ttTab" class="easyui-tabs" data-options="tools:'#tab-tools',border:false,fit:true"
             style="overflow: hidden;">
        </div>
    </div>
    <div data-options="region:'south',border:false" style="height: 40px; padding: 10px;
        background: #2E70CC; text-align: center; color: #ffffff">
        版权所有  @@copy @DateTime.Now.Year 会员消费积分管理平台
    </div>
    <div id="dlg" class="easyui-dialog" data-options="modal:true,closed:true">
        <iframe id="frm" width="99%" height="98%" frameborder="0" scrolling="no"></iframe>
    </div>
</body>
</html>
```

(13) 在 Index.cshtml 中，根据登录的用户角色判断显示的菜单。

```
<div class="easyui-accordion" data-options="fit:true,border:false">
    @if(roleId==1)
    {
    <div title="系统管理" style="padding: 10px;">
        <ul class='ul-menu'>
            <li><a url="/CardLevel/Index">会员等级管理</a></li>
        </ul>
    </div>

    <div title="用户管理" style="padding: 10px;">
        <ul class='ul-menu'>
```

```
                <li><a url="/User/Index">用户列表</a></li>
            </ul>
        </div>

        }
        else
        {
        <div title="会员管理" style="padding: 10px;">
            <ul class='ul-menu'>
                <li><a url="@Url.Action("Index", "MemberCard")">会员列表</a></li>
            </ul>
        </div>
        <div title="会员消费" style="padding: 10px;">
            <ul class='ul-menu'>
                <li><a url="/ConsumeOrder/Fastconsumption">快速消费</a></li>
                <li><a url="/ConsumeOrder/Index">消费历史记录</a></li>
            </ul>
        </div>
        }
    </div>
```

(14) 运行项目，访问登录页面，如果用户名或密码输入有误则会提示信息，如图 7-2 所示。

图 7-2　用户登录界面

(15) 登录成功后，则跳转到首页，头部会显示当前登录用户的真实姓名，左侧菜单会根据登录的角色来显示不同的菜单，如图 7-3 所示。

图 7-3　系统首页

7.1.4 总结

在实现用户登录的时候，登录页面主要采用了强类型视图，结合模型验证对表单内容进行校验，由于在登录之后的首页中需要显示登录的用户信息，所以采用了 Forms 身份授权认证。Forms 身份授权认证其实也是 MVC 中授权过滤器的具体应用，在需要进行身份校验的 Action 或者控制器上加上[Authorize]即可。

在实现首页布局的时候，主要是通过 EasyUI 框架来实现的，在使用的时候注意查阅官方文档，能够节省很多开发时间。在 Razor 视图中可以利用强大的 Razor 语法来实现一些条件语句，以更加方便地按照逻辑来显示对应的元素。

7.2 实现用户注销

7.2.1 任务目标

- 实现用户退出系统功能。

7.2.2 任务描述

用户登录后会跳转到首页，首页头部会有一个退出系统的按钮，单击“退出”按钮后会提示用户是否要退出，单击“确定”按钮后，退出登录并跳转至登录页面。

7.2.3 实现步骤

(1) 在 HomeController 中添加 Logout 方法，用来清除 Forms 身份认证信息，同时跳转至登录页面。

```
/// <summary>
/// 注销
/// </summary>
/// <returns></returns>
public ActionResult Logout()
{
    FormsAuthentication.SignOut();
    return RedirectToAction("Login");
}
```

(2) 在 Index.cshtml 视图中为“退出”按钮注册单击事件，弹出确认框，单击“确定”按钮执行退出操作。

```
$("#btn_Logout").click(function () {
    //弹出确认框
    $.messager.confirm('确认', '您确定要离开我吗？', function (r) {
        if (r) {
            //执行退出操作
            location.href = "/Home/Logout";
        }
    });
});
```

(3) 运行项目，单击“退出登录”按钮，会提示确认信息，如图 7-4 所示。

图 7-4　注销界面

单击“确定”按钮后，退出登录并跳转至登录页面，如图 7-5 所示。

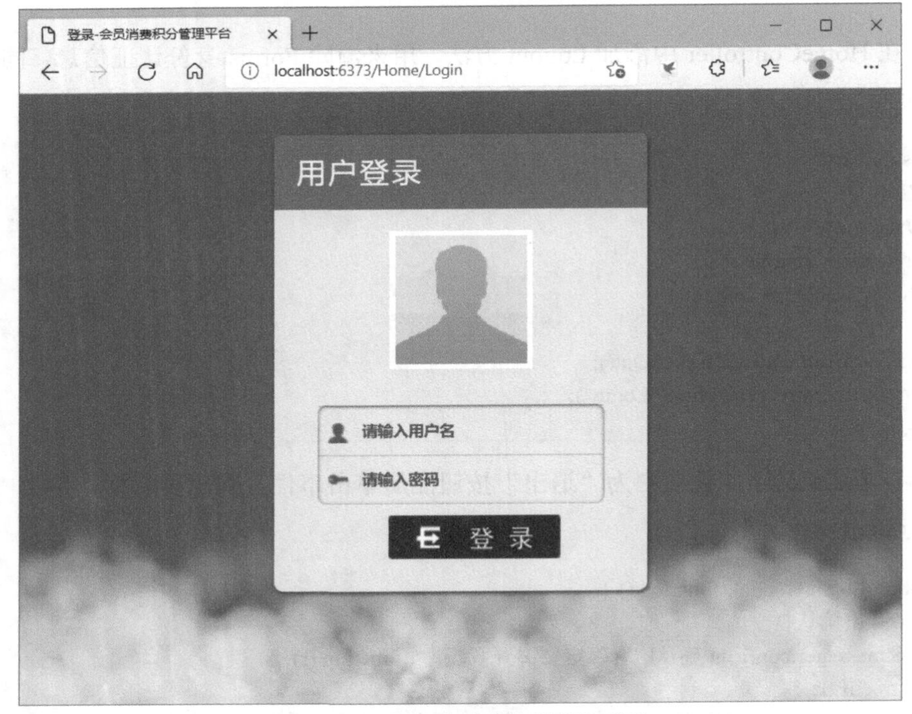

图 7-5　退出登录后跳转到登录页面

7.2.4 总结

用户注销的实现相对比较简单，主要通过 FormsAuthentication.SignOut()方法来清除登录认证信息，前台主要和 EasyUI 确认框组件相结合，读者查阅相关文档即可轻松实现。

会员等级管理

课程目标

- ❖ 实现查询会员等级功能
- ❖ 实现添加会员等级功能
- ❖ 实现编辑会员等级功能
- ❖ 实现删除会员等级功能

简介

从本单元开始我们将实现项目中具体的功能模块。任何项目的开发都是由易到难，我们先从所有模块中最简单的会员等级管理开始编写，通过对该模块的开发，读者可以大致了解在本项目框架下如何添加、编辑、删除数据，同时也能够对于EasyUI中常用组件的使用有初步的认识。

8.1 实现会员等级查询

8.1.1 任务目标

- 实现会员等级列表显示。

8.1.2 任务描述

会员等级查询包括默认查询所有的信息和根据等级名称进行搜索两个功能。

(1) 默认加载页面显示所有会员的等级列表信息。

(2) 用户输入会员等级名称，可以根据输入的信息进行模糊查询。

8.1.3 实施步骤

(1) 在HPIT.MemberPoint.Model中ViewModels文件夹下添加一个CardLevelViewModel类，用来表示列表页面需要显示的属性信息。

```
namespace HPIT.MemberPoint.Model.ViewModels
{
    public class CardLevelViewModel
    {
        public int Id { get; set; }
        public string LevelName { get; set; }
        public double Point { get; set; }
        public double Percent { get; set; }
    }
}
```

(2) 在 HPIT.MemberPoint.Service 中添加一个 CardLevelService 类，用来封装和会员等级相关的业务逻辑，并添加一个方法来查询会员等级信息。

```
using HPIT.MemberPoint.Common;
using HPIT.MemberPoint.Model.Entities;
using HPIT.MemberPoint.Model.ViewModels;
using System.Collections.Generic;
using System.Linq;

namespace HPIT.MemberPoint.Service
{
    public class CardLevelService
    {
        /// <summary>
        /// 获取所有会员等级信息
        /// </summary>
        /// <returns></returns>
        public List<CardLevelViewModel> GetList(string levelName)
        {
            using (var db = new MemberPointContext())
            {
                //默认获取所有的信息
                var query = db.CardLevels.AsQueryable();

                //判断查询条件
                if (!string.IsNullOrWhiteSpace(levelName))
                {
                    query = query.Where(e => e.CL_LevelName.Contains(levelName));
                }

                return query.Select(e => new CardLevelViewModel()
                                {
                                    Id = e.CL_ID,
                                    LevelName = e.CL_LevelName,
                                    Percent = e.CL_Percent,
                                    Point = e.CL_Point
                                }).ToList();
            }
        }
    }
}
```

(3) 在 HPIT.MemberPoint.Web 层的 Controllers 文件夹里添加 CardLevelController 控制器，并添加一个加载列表页面的 Action。

```
using HPIT.MemberPoint.Model.ViewModels;
using HPIT.MemberPoint.Service;
```

```
using System.Web.Mvc;

namespace HPIT.MemberPoint.Web.Controllers
{
    public class CardLevelController : Controller
    {
        /// <summary>
        ///  加载会员等级信息列表页面
        /// </summary>
        /// <returns></returns>
        [HttpGet]
        public ActionResult Index()
        {
            return View();
        }
    }
}
```

(4) 在 Index 方法上单击右键，添加新的视图，利用 EasyUI 编写会员等级类别页面布局。

```
<div id="tb" style="padding:5px;height:auto">
    <div style="margin-bottom:5px">
        <a href="#" class="easyui-linkbutton Insert" iconCls="icon-add">新增</a>
        <a href="#" class="easyui-linkbutton Update" iconCls="icon-edit">修改</a>
        <a href="#" class="easyui-linkbutton Delete" iconCls="icon-remove">删除</a>
    </div>
    <div>
        等级名称：<input id="txt_LevelName" type="text" />
        <a href="#" class="easyui-linkbutton Search" iconCls="icon-search">查询</a>
    </div>
</div>

<table id="dg"></table>
<div id="dlg" class="easyui-dialog"
data-options="iconCls:'icon-save',resizable:true,modal:true,closed:true">
    <iframe id="frm1" width="99%" height="99%" frameborder="0"></iframe>
</div>
```

(5) 利用 Datagrid 组件实现异步读取会员等级列表数据，在 Index.cshtml 中加入如下 JavaScript。

```
$('#dg').datagrid({
    method: "post",
    toolbar: '#tb',                 //工具栏
    rownumbers: true,               //如果为 true，则显示一个行号列
    singleSelect: true,             //如果为 true，则只允许选择一行
    fit: true,                      //充满整个容器
    pagination: false,              //如果为 true，则在 DataGrid 控件底部显示分页工具栏
```

```
        fitColumns: true,
        //真正的自动展开/收缩列的大小，以适应网格的宽度，防止水平滚动
        //数据请求的地址
        url: '/CardLevel/GetList',
        //列的属性信息
        columns: [[
            { field: 'Id', title: '等级编号', width: 100, align: 'center' },
            { field: 'LevelName', title: '等级名称', width: 100, align: 'center' },
            { field: 'Point', title: '积分比例  ', width: 100, align: 'center' },
            { field: 'Percent', title: '折扣比例  ', width: 100, align: 'center' },

        ]]
    });


    //为查询按钮注册一个点击事件
    $(".Search").click(function () {

        //获取用户输入的信息，向服务端发送加载数据的请求
        $('#dg').datagrid('load', {
            LevelName: $("#txt_LevelName").val(),

        });
    });
```

(6) 在 CardLevelController 控制器中添加 Action，调用业务逻辑层封装的方法获取数据，并返回 JSON 数据格式。

```
/// <summary>
/// 获取会员等级列表
/// </summary>
/// <returns></returns>
[HttpPost]
public ActionResult GetList(string levelName)
{
    CardLevelService cardLevelService = new CardLevelService();
    var list = cardLevelService.GetList(levelName);
    return Json(list);
}
```

(7) 运行项目，可以看到默认加载所有会员等级信息，如图 8-1 所示。

图 8-1　会员等级列表

(8) 在等级名称文本框中输入文字，单击“查询”按钮可以实现模糊查询，如图 8-2 所示。

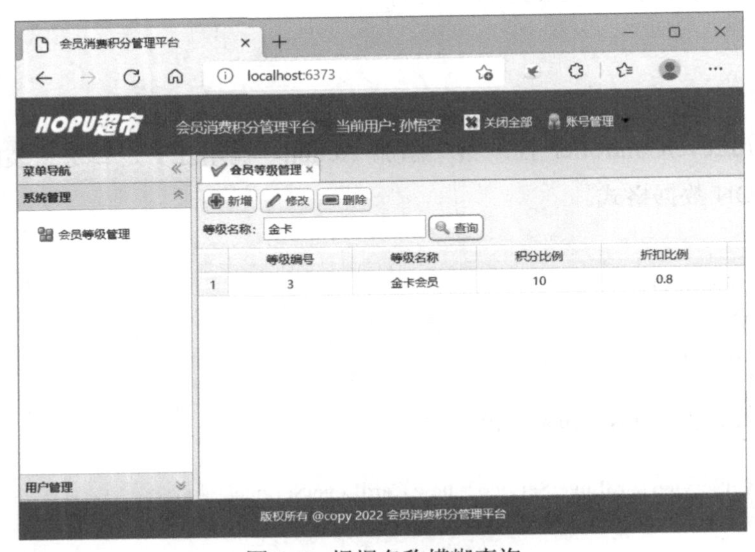

图 8-2　根据名称模糊查询

8.1.4 总结

- 利用 Entity Framework 实现多条件查询时，先使用 AsQueryable()方法转成 IQueryable<T> 类型，之后根据条件进行表达式的拼接。
- 在 DataGrid 组件中通过 columns 属性配置显示的字段信息，需要和返回的 JSON 中对应的属性名保持一致。

- 在 DataGrid 中可以通过 method 配置请求的方式。
- 利用 DataGrid 的 load()方法可以实现列表的重新渲染，可以带入参数来实现多条件查询。

8.2 实现会员等级添加

8.2.1 任务目标

- 实现会员等级添加功能。

8.2.2 任务描述

(1) 用户单击“添加”按钮可以弹出添加会员等级信息的对话框。

(2) 输入内容后单击“添加”按钮即可实现添加操作。

(3) 用户输入信息的时候需要校验是否合法。

(4) 添加成功后，弹出信息提示，刷新列表数据。

8.2.3 实现步骤

(1) 在 HPIT.MemberPoint.Web 表现层 CardLevelController 控制器中添加方法，用来加载新增会员等级页面视图。

```
/// <summary>
/// 加载会员等级信息列表页面
/// </summary>
/// <returns></returns>
[HttpGet]
public ActionResult Index()
{
    return View();
}
```

(2) 在 Action 方法上单击右键添加新视图，并对添加界面进行布局。

```
@model HPIT.MemberPoint.Model.ViewModels.CardLevelViewModel
@{
    ViewBag.Title = "Add";
}
```

```
<form id="submitForm" class="easyui-form" method="post" data-options="novalidate:true">
    <table align="center">
        <tr>
            <td>等级名称：</td>
            <td>
                @Html.TextBoxFor(m => m.LevelName, new { @class = "easyui-textbox", data_options =
                            "required:true", missingMessage = "请输入等级名称" })
            </td>
        </tr>

        <tr>
            <td>兑换比例：</td>
            <td>
                @Html.TextBoxFor(m => m.Point, new { @class = "easyui-textbox", data_options =
                        "required:true,validType:'intNum'", missingMessage = "请输入兑换比例" })
            </td>
        </tr>
        <tr>
            <td></td>
            <td style="color:Red;">(注：消费 xx 人民币兑换 1 积分，默认：10RMB=1 积分)</td>
        </tr>
        <tr>
            <td>折扣比例：</td>
            <td> @Html.TextBoxFor(m => m.Percent, new { @class = "easyui-textbox", data_options
                            = "required:true,validType:'discountNum'", missingMessage =
                            "请输入折扣比例" })</td>
        </tr>
        <tr>
            <td></td>
            <td style="color:Red;">(注：指达到此等级时所享受的折扣率，如0.8表示打八折，1表
                            示不打折)</td>
        </tr>
        <tr>
            <td colspan="2" align="center">
                <input type="button" value="新增" id="btn_Submit" />
            </td>
        </tr>
    </table>
</form>
```

(3) 在 HPIT.MemberPoint.Web 表现层 Scripts 文件夹下添加 validate.js 文件，用来扩展 EasyUI 中的自定义验证，加入常用的验证规则。

```
$.extend($.fn.validatebox.defaults.rules, {
    mobileNum: {
        validator: function (value, param) {
            return /^1[3-9]+\d{9}$/.test(value);
```

```
            },
            message: '请输入正确的手机号码'
        },
        monthNum: {
            validator: function (value, param) {
                return /^([1-9]|1[0-2])$/.test(value);
            },
            message: '请输入正确的月份'
        },
        dateNum: {
            validator: function (value, param) {
                var num = parseInt(value);

                return num >= 1 && num <= 31;
            },
            message: '请输入正确的日期'
        },
        discountNum: {
            validator: function (value, param) {
                return /(^0\.[1-9]{1,2}$)|(^0\.[0-9]{1}[1-9]{1}$)|(^1{1}$)|(^1{1}\.0{2}$)|(^1{1}\.0{1}$)/
                .test(value);
            },
            message: '请输入正确的折扣'
        },
        intNum: {
            validator: function (value, param) {
                return /^\d+$/.test(value);
            },
            message: '请输入正整数'
        },
        moneyNum: {
            validator: function (value, param) {
                return /^([1-9]\d{0,9}|0)(\.\d{1,2})?$/.test(value);
            },
            message: '请输入正确的金额'
        }
    });
```

添加完毕后，将其引入到本视图中，对文本框使用 validType 对其格式进行校验，后续如有表单验证，均遵循此步骤：

```
<script src="~/Scripts/validate.js"></script>
```

验证示例：

```
<td> @Html.TextBoxFor(m => m.Percent, new { @class = "easyui-textbox", data_options = "required:true,
                        validType:'discountNum'", missingMessage = "请输入折扣比例" })</td>
```

(4) 在 Index.cshtml 中为添加按钮注册点击事件，弹出对话框。

```
//弹出新增对话框
$(".Insert").click(function () {
    $('#dlg').dialog({
        title: '新增会员等级',
        width: 570,
        height: 320,
    }).dialog('open');

    //为 iframe 的 src 属性赋值，为了加载添加页面
    $("#frm1").attr("src", "/CardLevel/Add");
});
```

(5) 由于通过 EasyUI 实现前后台交互基本上统一使用的都是 Ajax 异步请求，为了使业务逻辑代码更加规范，我们封装一个类，表示处理的结果，所有的业务逻辑方法都返回该类型，其中包括状态、信息和数据这些属性。在 HPIT.MemberPoint.Common 公共层中添加一个 OperateResult 类。

```
namespace HPIT.MemberPoint.Common
{
    public enum StateEnum
    {
        Error = -1,
        Success = 1
    }

    public class OperateResult
    {
        public StateEnum State { get; set; }
        public string Message { get; set; }
        public object Data { get; set; }

        public OperateResult(StateEnum state, string message)
        {
            this.State = state;
            this.Message = message;
        }

        public OperateResult(StateEnum state, string message, object data)
        {
            this.State = state;
            this.Message = message;
            this.Data = data;
        }
        public OperateResult(StateEnum state, object data)
        {
```

```
                this.State = state;
                this.Data = data;
            }

        }
    }
```

(6) 在 HPIT.MemberPoint.Service 层的 CardLevelService 类中添加方法，用来新增会员等级信息。

```
    /// <summary>
    /// 添加会员等级
    /// </summary>
    /// <param name="viewModel"></param>
    /// <returns></returns>
    public OperateResult Add(CardLevelViewModel viewModel)
    {
        var model = new CardLevels()
        {
            CL_LevelName = viewModel.LevelName,
            CL_Percent = viewModel.Percent,
            CL_Point = viewModel.Point
        };

        using (var db = new MemberPointContext())
        {
            db.CardLevels.Add(model);
            if (db.SaveChanges() > 0)
                return new OperateResult(StateEnum.Success, "添加成功");
            else
                return new OperateResult(StateEnum.Error, "添加失败");
        }
    }
```

(7) 在 HPIT.MemberPoint.Web 表现层的 CardLevelController 控制器中添加 Action，调用业务逻辑层中的方法。

```
    /// <summary>
    /// 提交添加会员等级信息
    /// </summary>
    /// <param name="viewModel"></param>
    /// <returns></returns>
    [HttpPost]
    public ActionResult Add(CardLevelViewModel viewModel)
    {
        CardLevelService cardLevelService = new CardLevelService();
        var result = cardLevelService.Add(viewModel);
        return Json(result);
    }
```

(8) 在 Add.cshtml 中添加提交表单的 jQuery 方法。

```
//为新增按钮注册点击事件
        $("#btn_Submit").click(function () {
            //表单提交
            $('#submitForm').form('submit', {
                url: "/CardLevel/Add",
                onSubmit: function () {
                    //进行客户端校验
                    return $(this).form('enableValidation').form('validate');
                },
                success: function (data) {
                    var json = JSON.parse(data);
                    if (json.State == 1) {

                        //如果成功则填出提示
                        window.parent.$.messager.alert('温馨提示', json.Message, "info", function ()
                        {
                            //关闭对话框
                            window.parent.$('#dlg').dialog("close");
                            //让列表重新加载
                            window.parent.$('#dg').datagrid('reload');
                        });

                    }

                }
            });
        });
```

(9) 运行项目，实现会员等级的添加，如果输入的数据不合法则不允许提交，如图 8-3 所示。

图 8-3 添加会员等级

8.2.4 总结

- 由于使用弹出层进行交互，注意父子页面的操作逻辑，在添加成功后需要在父窗口中关闭弹窗，方法是使用 window.parent.$('#dlg').dialog("close")。
- 业务逻辑层返回 OperateResult 类型，在控制器中就可直接将其序列化成 JSON 格式字符串进行返回。
- 利用 EasyUI 表单提交，在 onSubmit 方法中进行提交前数据合法性校验。

8.3 实现会员等级更新

8.3.1 任务目标

- 实现会员等级更新功能。

8.3.2 任务描述

(1) 用户单击“编辑”按钮，首先判断有没有选中数据行，若没有选中数据行则先提示信息。

(2) 编辑信息时利用对话框显示当前要编辑的信息，修改后单击“更新”按钮实现数据更新。

(3) 更新成功后，弹出信息提示，刷新列表数据。

8.3.3 实现步骤

(1) 在 HPIT.MemberPoint.Service 层的 CardLevelService 类中添加两个方法，用来根据 id 获取会员等级和更新会员等级。

```
/// <summary>
///  获取会员等级信息
/// </summary>
/// <param name="id"></param>
/// <returns></returns>
public CardLevelViewModel Get(int id)
{
    using (var db = new MemberPointContext())
    {
        var model = db.CardLevels.FirstOrDefault(e => e.CL_ID == id);
```

```
                if (model != null)
                {
                    var viewModel = new CardLevelViewModel()
                    {
                        Id = model.CL_ID,
                        LevelName = model.CL_LevelName,
                        Percent = model.CL_Percent,
                        Point = model.CL_Point
                    };
                    return viewModel;
                }
                return null;
            }
        }
        /// <summary>
        ///  更新会员等级
        /// </summary>
        /// <param name="viewModel"></param>
        /// <returns></returns>
        public OperateResult Update(CardLevelViewModel viewModel)
        {
            using (var db = new MemberPointContext())
            {
                var model = db.CardLevels.FirstOrDefault(e => e.CL_ID == viewModel.Id);
                if (model != null)
                {
                    model.CL_LevelName = viewModel.LevelName;
                    model.CL_Percent = viewModel.Percent;
                    model.CL_Point = viewModel.Point;
                    if (db.SaveChanges() > 0)
                        return new OperateResult(StateEnum.Success, "更新成功");
                    else
                        return new OperateResult(StateEnum.Error, "更新失败");
                }
                else
                {
                    return new OperateResult(StateEnum.Error, "该会员等级不存在");
                }
            }
        }
```

(2) 在HPIT.MemberPoint.Web层的CardLevelController控制器中添加Action方法调用业务逻辑层方法。

```
        /// <summary>
        ///  加载编辑会员等级信息视图
        /// </summary>
```

```
/// <param name="id"></param>
/// <returns></returns>
[HttpGet]
public ActionResult Edit(int id)
{
    CardLevelService cardLevelService = new CardLevelService();
    var viewModel = cardLevelService.Get(id);
    return View(viewModel);
}

/// <summary>
/// 提交会员等级编辑信息
/// </summary>
/// <param name="viewModel"></param>
/// <returns></returns>
[HttpPost]
public ActionResult Edit(CardLevelViewModel viewModel)
{
    CardLevelService cardLevelService = new CardLevelService();
    var result = cardLevelService.Update(viewModel);
    return Json(result);
}
```

(3) 在 Action 方法上单击右键添加新视图，其内容基本和添加保持一致，唯一的区别在于需要把编辑的 id 存放在隐藏域中，方便提交的时候获取该值。

```
<form id="submitForm" class="easyui-form" method="post" data-options="novalidate:true">
    <table align="center">
        <tr>
            <td>等级名称：</td>
            <td>
                @Html.TextBoxFor(m => m.LevelName, new { @class = "easyui-textbox",
                                    data_options = "required:true", missingMessage =
                                    "请输入等级名称" })
            </td>
        </tr>
        <tr>
            <td>兑换比例：</td>
            <td>
                @Html.TextBoxFor(m => m.Point, new { @class = "easyui-textbox", data_options =
                        "required:true,validType:'intNum'", missingMessage = "请输入兑换比例" })
            </td>
        </tr>
        <tr>
            <td></td>
            <td style="color:Red;">(注：消费 xx 人民币兑换 1 积分，默认：10RMB=1 积分)</td>
        </tr>
        <tr>
```

```
                <td>折扣比例：</td>
                <td> @Html.TextBoxFor(m => m.Percent, new { @class = "easyui-textbox", data_options
                                    = "required:true,validType:'discountNum'", missingMessage =
                                    "请输入折扣比例" })</td>
            </tr>
            <tr>
                <td></td>
                <td style="color:Red;">(注：达到此等级时，所享受的折扣率，如0.8表示打八折，1表
                                    示不打折)</td>
            </tr>
            <tr>
                <td colspan="2" align="center">
                    <input type="button" value="更新" id="btn_Submit" />
                </td>
            </tr>
        </table>
        @Html.HiddenFor(e => e.Id)
    </form>
```

注意：

请添加验证相关 js 的引用。

(4) 在 Index.cshtml 中添加弹出编辑会员等级表单的 jQuery。

```
    //为编辑按钮注册点击事件
$(".Update").click(function () {
    //判断用户有没有选择其中一行

    //返回第一个被选中的行或如果没有选中的行则返回 null
    var row = $('#dg').datagrid('getSelected');
    if (row != null) {
        //弹出修改对话框

        $('#dlg').dialog({
            title: '修改会员等级',
            width: 570,
            height: 320,
        }).dialog('open');

        //为 iframe 的 src 属性赋值，为了加载添加页面
        $("#frm1").attr("src", "/CardLevel/Edit/" + row.Id);

    }
    else {
        //如果没有选中，则提示用户先选择
        $.messager.alert('警告', '您还没有选择一行，请先选择您要修改的数据！', 'warning');
    }
});
```

(5) 在 Edit.cshtml 中添加提交表单的 jQuery，由于更新时表单提交的逻辑基本和添加一样，区别在于提交的 url 不同。

```
//为更新按钮注册点击事件
$("#btn_Submit").click(function () {
    //表单提交
    $('#submitForm').form('submit', {
        url: "/CardLevel/Edit",
        onSubmit: function () {
            //进行客户端校验
            return $(this).form('enableValidation').form('validate');
        },
        success: function (data) {
            var json = JSON.parse(data);
            if (json.State == 1) {

                //如果成功则填出提示
                window.parent.$.messager.alert('温馨提示', json.Message, "info", function () {
                    //关闭对话框
                    window.parent.$('#dlg').dialog("close");
                    //让列表重新加载
                    window.parent.$('#dg').datagrid('reload');
                });

            }

        }
    });
});
```

(6) 运行项目，实现会员等级的编辑，如图 8-4 所示。

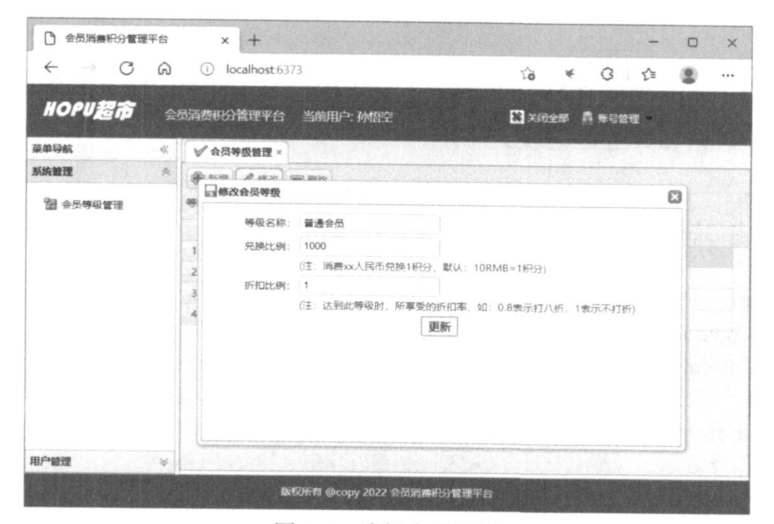

图 8-4　编辑会员等级

8.3.4 总结

- 由于使用表单内容和添加基本一致，所以在开发本功能的时候可以复用添加视图。
- 添加和编辑提交表单的操作逻辑基本一致，区别在于提交的路径不同。
- 利用隐藏域保存编辑的主键 Id，方便服务端进行获取。
- 在 DataGrid 中利用 getSelected 判断是否有行被选中。

8.4 实现会员等级删除

8.4.1 任务目标

- 实现会员等级删除功能。

8.4.2 任务描述

(1) 用户单击“删除”按钮，首先判断有没有选中数据行，若没有选中数据行则先提示信息。

(2) 删除时先提示用户是否要删除，如果选择“是”则执行删除。

(3) 对于已经被使用的会员等级信息，则不允许删除。

(4) 删除成功后，弹出信息提示，刷新列表数据。

8.4.3 实现步骤

(1) 在 HPIT.MemberPoint.Service 层的 CardLevelService 类中添加删除的方法，需要判断是否有会员卡数据和其进行关联。

```
/// <summary>
/// 删除会员卡等级
/// </summary>
/// <param name="id"></param>
/// <returns></returns>
public OperateResult Delete(int id)
{
    using (var db = new MemberPointContext())
    {
        var model = db.CardLevels.FirstOrDefault(e => e.CL_ID == id);
        if (model != null)
```

```
        {
            //判断是否有会员卡具有当前等级
            if (db.MemCards.Any(e => e.CL_ID == model.CL_ID))
                return new OperateResult(StateEnum.Error, "该会员卡等级正在被使用，
                                        不允许删除");
            db.CardLevels.Remove(model);

            if (db.SaveChanges() > 0)
                return new OperateResult(StateEnum.Success, "删除成功");
            else
                return new OperateResult(StateEnum.Error, "删除失败");
        }
        else
        {
            return new OperateResult(StateEnum.Error, "该会员等级不存在");
        }
    }
}
```

(2) 在 HPIT.MemberPoint.Web 层的 CardLevelController 控制器中添加 Action 方法调用业务逻辑层方法。

```
/// <summary>
/// 删除会员等级信息
/// </summary>
/// <param name="id"></param>
/// <returns></returns>
[HttpPost]
public ActionResult Delete(int id)
{
    CardLevelService cardLevelService = new CardLevelService();
    var result = cardLevelService.Delete(id);
    return Json(result);
}
```

(3) 在 Index.cshtml 中为删除按钮注册点击事件，执行删除操作。

```
//为删除按钮注册点击事件
$(".Delete").click(function () {
    //判断用户有没有选择其中一行

    //返回第一个被选中的行或如果没有选中的行则返回 null。
    var row = $('#dg').datagrid('getSelected');
    if (row != null) {
        $.messager.confirm('确认', '您确认想要删除记录吗？', function (r) {
            if (r) {
                //发送 ajax 请求 i 执行删除
                $.post("/CardLevel/Delete", { id: row.Id }, function (data) {
```

```
                        if (data.State == 1) {
                            $.messager.alert('温馨提示', data.Message, 'info');
                            //刷新列表
                            $('#dg').datagrid('reload');
                        }
                        else {
                            $.messager.alert('警告', data.Message, 'warning');
                        }
                    }, "json")
                }
            });
        }
        else {
            //如果没有选中，则提示用户先选择
            $.messager.alert('警告', '您还没有选择一行，请先选择您要删除的数据！', 'warning');
        }
});
```

(4) 运行项目，实现会员等级的删除，如图 8-5 所示。

图 8-5　删除会员等级

8.4.4 总结

- 删除是比较敏感的操作，在删除之前要先进行确认。
- 判断是否有数据行被选中的实现方法和编辑相同。

单元

九

用户信息管理

课程目标

❖ 实现查询用户信息功能

❖ 实现添加用户信息功能

❖ 实现编辑用户信息功能

❖ 实现删除用户信息功能

简介

在上个单元中我们学习了系统中比较简单的会员等级管理模块，初步掌握了在本项目框架下对于数据的添加、编辑、查询、删除是如何操作的。有了基础知识的积累，本单元将开始实现用户信息管理模块。

要登录后台系统，就需要拥有系统的账号，用户信息管理模块就是为了配置和维护后台用户信息的。

9.1 实现用户信息查询

9.1.1 任务目标

- 实现用户信息列表分页显示。
- 实现用户信息列表多条件查询。

9.1.2 任务描述

(1) 默认加载页面，显示所有用户列表信息，并支持分页。

(2) 输入登录名、用户的真实姓名、联系电话进行多条件查询。

9.1.3 实施步骤

(1) 在HPIT.MemberPoint.Model中的ViewModels文件夹下添加一个UserListViewModel类，用来表示列表页面需要显示的属性信息。

```
namespace HPIT.MemberPoint.Model.ViewModels
{
    public class UserListViewModel
    {
        public int Id { get; set; }
        public string LoginName { get; set; }
        public string RealName { get; set; }
        public bool Sex { get; set; }
        public string Telephone { get; set; }
        public int Role { get; set; }
        public bool CanDelete { get; set; }
    }
}
```

(2)在 HPIT.MemberPoint.Model 中的 ViewModels 文件夹下再添加一个 UserSearchViewModel 类，用来封装多条件查询和分页的请求参数。

```
namespace HPIT.MemberPoint.Model.ViewModels
{
    public class UserSearchViewModel
    {
        public string LoginName { get; set; }
        public string RealName { get; set; }
        public string Telephone { get; set; }
        public int Page { get; set; }
        public int Rows { get; set; }
    }
}
```

(3) 在 HPIT.MemberPoint.Service 层的 UserService 类中添加一个方法，用来分页查询用户信息。

```
/// <summary>
/// 获取用户列表分页数据
/// </summary>
/// <param name="viewModel"></param>
/// <returns></returns>
public PagedViewModel GetUserList(UserSearchViewModel viewModel)
{
    using (var db = new MemberPointContext())
    {
        //如果用户什么都没有输入，则返回所有的数据
        var query = db.Users.AsQueryable();

        //判断查询条件
        if (!string.IsNullOrEmpty(viewModel.LoginName))
        {
            query = query.Where(u => u.U_LoginName == viewModel.LoginName);
        }

        if (!string.IsNullOrEmpty(viewModel.RealName))
        {
            query = query.Where(u => u.U_RealName.Contains(viewModel.RealName));
        }

        if (!string.IsNullOrEmpty(viewModel.Telephone))
        {
            query = query.Where(u => u.U_Telephone == viewModel.Telephone);
        }

        var list = query.Select(u => new UserListViewModel()
```

```
            {
                CanDelete = u.U_CanDelete,
                Id = u.U_ID,
                LoginName = u.U_LoginName,
                RealName = u.U_RealName,
                Sex = u.U_Sex,
                Role = u.U_Role,
                Telephone = u.U_Telephone
            }).OrderByDescending(u => u.Id).Skip((viewModel.Page - 1) *
                                    viewModel.Rows).Take(viewModel.Rows).ToList();

            //获取总记录数
            int totalCount = query.Count();

            return new PagedViewModel() { rows = list, total = totalCount };
        }
    }
```

(4) 在 HPIT.MemberPoint.Web 层的 Controllers 文件夹中添加 UserController 控制器，并添加一个加载列表页面的 Action。

```
using HPIT.MemberPoint.Model.ViewModels;
using HPIT.MemberPoint.Service;
using System.Web.Mvc;

namespace HPIT.MemberPoint.Web.Controllers
{
    public class UserController : Controller
    {
        /// <summary>
        /// 加载用户列表视图
        /// </summary>
        /// <returns></returns>
        [HttpGet]
        public ActionResult Index()
        {
            return View();
        }
    }
}
```

(5) 在 Index 方法上单击右键，添加新的视图，利用 EasyUI 编写用户列表页面布局。

```
<div id="tb" style="padding:5px;height:auto">
    <div style="margin-bottom:5px">
        <a href="#" class="easyui-linkbutton Insert" iconCls="icon-add">新增</a>
        <a href="#" class="easyui-linkbutton Update" iconCls="icon-edit">修改</a>
        <a href="#" class="easyui-linkbutton Delete" iconCls="icon-remove">删除</a>
```

```
        </div>
        <div>
            登录名：<input id="txt_LoginName" type="text" />
            真实姓名：<input id="txt_RealName" type="text" />
            联系电话：<input id="txt_Telephone" type="text" />
            <a href="#" class="easyui-linkbutton Search" iconCls="icon-search">查询</a>
        </div>
    </div>

    <table id="dg"></table>
    <div id="dlg" class="easyui-dialog" data-options=
     "iconCls:'icon-save',resizable:true,modal:true,closed:true">
        <iframe id="frm1" width="99%" height="99%" frameborder="0"></iframe>
    </div>
```

(6) 利用 Datagrid 组件实现异步读取用户列表数据，在 Index.cshtml 中加入如下 JavaScript。

```
    $('#dg').datagrid({
                toolbar: '#tb',            //工具栏
                rownumbers: true,          //如果为 true，则显示一个行号列
                singleSelect: true,        //如果为 true，则只允许选择一行
                fit: true,                 //充满整个容器
                pagination: true,          //如果为 true，则在 DataGrid 控件底部显示分页工具栏
                fitColumns: true,          //真正的自动展开/收缩列的大小，以适应网格的宽度，防止水平滚动
                //数据请求的地址
                url: '/User/GetUserList',  //列的属性信息
                columns: [[
                    { field: 'Id', title: '编号', width: 100, align: 'center' },
                    { field: 'LoginName', title: '用户名', width: 100, align: 'center' },
                    { field: 'RealName', title: '真实姓名', width: 100, align: 'center' },
                    { field: 'Telephone', title: '手机', width: 100, align: 'center' },
                    {
                        field: 'Sex', title: '性别', width: 100, align: 'center', formatter: function (value, row,
                                                                                                  index) {
                            if (value == 1) {
                                return "男";
                            } else {
                                return "女";
                            }
                        }
                    },
                    {
                        field: 'Role', title: '角色', width: 100, align: 'center', formatter: function (value, row,
                                                                                                  index) {
                            if (value==1) {
                                return "系统管理员";
```

```
                    } else {
                        return "业务员";
                    }
                }
            },
            {
                field: 'CanDelete', title: '是否可以删除', width: 100, align: 'center', formatter:
                function (value, row, index) {
                    if (value) {
                        return "是";
                    } else {
                        return "否";
                    }
                }
            },
        ]]
    });


    //为查询按钮注册一个点击事件
    $(".Search").click(function () {
        //获取用户输入的信息，向服务端发送加载数据的请求
        $('#dg').datagrid('load', {
            LoginName: $("#txt_LoginName").val(),
            RealName: $("#txt_RealName").val(),
            Telephone: $("#txt_Telephone").val(),
        });
    });
```

(7) 在 UserController 控制器中添加 Action，调用业务逻辑层封装的方法获取数据，并返回 JSON 数据格式。

```
/// <summary>
/// 获取分页用户数据
/// </summary>
/// <param name="viewModel"></param>
/// <returns></returns>
[HttpPost]
public ActionResult GetUserList(UserSearchViewModel viewModel)
{
    UserService userService = new UserService();
    var list = userService.GetUserList(viewModel);
    return Json(list);
}
```

(8) 运行项目，可以看到默认加载所有用户信息，并支持分页效果，如图 9-1 所示。

图 9-1　用户信息列表

(9) 在“登录名”“真实姓名”“联系电话”文本框中输入文字，单击“查询”按钮可以实现多条件查询，如图 9-2 所示。

图 9-2　用户信息多条件查询

9.1.4 总结

- 利用 DataGrid 实现分页时需要将 pagination 属性设置为 true，开启分页功能，向服务端发出请求时，会带上 page 和 rows 参数，分别代表页索引和当前页大小。
- 在 Entity Framework 中使用 Skip()和 Task()方法实现分页。
- 分页返回的 JSON 数据中，需要有 rows 和 total 两个属性，分别代表数据列表和总记录数。

9.2 实现用户信息添加

9.2.1 任务目标

- 实现用户信息添加功能。

9.2.2 任务描述

(1) 用户单击“添加”按钮，可以弹出添加用户信息的对话框。

(2) 输入内容后单击“添加”按钮即可实现添加操作，角色为下拉框显示，性别为单选按钮。

(3) 用户输入信息的时候需要校验是否合法。

(4) 添加成功后，弹出信息提示，刷新列表数据。

9.2.3 实现步骤

(1) 在 HPIT.MemberPoint.Web 表现层 UserController 控制器中添加方法，用来加载新增用户页面视图。

```
/// <summary>
/// 加载添加视图
/// </summary>
/// <returns></returns>
[HttpGet]
public ActionResult Add()
{
    return View();
}
```

(2) 在 HPIT.MemberPoint.Common 层中添加 RoleEnum 枚举，用来表示用户角色类型。

```
namespace HPIT.MemberPoint.Common
{
    public enum RoleEnum
    {
        系统管理员 = 1,
        业务员 = 2
    }
}
```

(3) 在 Action 方法上单击右键，添加新视图，并对添加界面进行布局。

```
@model HPIT.MemberPoint.Model.ViewModels.UserViewModel
@{
    ViewBag.Title = "添加用户";
}

<form id="submitForm" class="easyui-form" method="post" data-options="novalidate:true">
    <table align="center">
        <tr>
            <td>登录名：</td>
            <td>
                @Html.TextBoxFor(m => m.LoginName, new { @class = "easyui-textbox", data_options =
                                        "required:true", missingMessage = "请输入用户名" })
            </td>
        </tr>
        <tr>
            <td>真实姓名：</td>
            <td>@Html.TextBoxFor(model => model.RealName, new { @class = "easyui-textbox",
                                        data_options = "required:true", missingMessage = "请输入真实姓
                                        名" })</td>
        </tr>
        <tr>
            <td>性别：</td>
            <td>
                @Html.RadioButtonFor(model => model.Sex, true, new { @checked = true }) 男
                @Html.RadioButtonFor(model => model.Sex, false) 女
            </td>
        </tr>
        <tr>
            <td>联系电话：</td>
            <td>@Html.TextBoxFor(model => model.Telephone, new { @class = "easyui-textbox",
                                        data_options = "required:true,validType:'mobileNum'",
                                        missingMessage = "请输入联系电话" })</td>
        </tr>
        <tr>
            <td>角色：</td>
```

```
            <td>@Html.EnumDropDownListFor(e => e.Role, "==请选择==", new { @class =
                                                              "easyui-combobox" })</td>
        </tr>
        <tr>
            <td>是否可以删除：</td>
            <td>@Html.CheckBoxFor(model => model.CanDelete)</td>
        </tr>
        <tr>
            <td></td>
            <td>
                <input type="button" value="新增" id="btn_Submit" />
            </td>
        </tr>
    </table>
</form>
```

(4) 在 Index.cshtml 中为添加按钮注册点击事件，弹出对话框。

```
//弹出新增对话框
$(".Insert").click(function () {
    $('#dlg').dialog({
        title: '新增用户',
        width: 500,
        height: 370,
    }).dialog('open');

    //为 iframe 的 src 属性赋值，以加载添加页面
    $("#frm1").attr("src", "/User/Add");
});
```

(5) 在 HPIT.MemberPoint.Service 层的 UserService 类中添加方法，用来新增用户信息。

```
        /// <summary>
        /// 添加用户
        /// </summary>
        /// <param name="viewModel"></param>
        /// <returns></returns>
        public OperateResult AddUser(UserViewModel viewModel)
        {
            //利用 Entity Framework 将数据写入到数据库中
            var model = new Users()
            {
                U_LoginName = viewModel.LoginName,
                U_CanDelete = viewModel.CanDelete,
                U_Password = EncryptHelper.GetMd5Hash("123456"),
                U_RealName = viewModel.RealName,
                U_Role = (int)viewModel.Role,
                U_Sex = viewModel.Sex,
                U_Telephone = viewModel.Telephone
```

```
            };

            using (var db = new MemberPointContext())
            {
                db.Users.Add(model);
                if (db.SaveChanges() > 0)
                    return new OperateResult(StateEnum.Success, "添加成功");
                else
                    return new OperateResult(StateEnum.Error, "添加失败");

            }
        }
```

(6) 在 HPIT.MemberPoint.Web 表现层的 UserController 控制器中添加 Action，调用业务逻辑层中的方法。

```
/// <summary>
/// 提交添加用户信息
/// </summary>
/// <param name="viewModel"></param>
/// <returns></returns>
[HttpPost]
public ActionResult Add(UserViewModel viewModel)
{
    UserService userService = new UserService();
    var result = userService.AddUser(viewModel);
    return Json(result);
}
```

(7) 在 Add.cshtml 中添加提交表单的 JavaScript 方法。

```
@section scripts
{
    <script src="~/Scripts/validate.js"></script>
    <script>
        //为新增按钮注册点击事件
        $("#btn_Submit").click(function () {
            //表单提交
            $('#submitForm').form('submit', {
                url: "/User/Add",
                onSubmit: function () {
                    //进行客户端校验
                    return $(this).form('enableValidation').form('validate');
                },
                success: function (data) {
                    var json = JSON.parse(data);
                    if (json.State == 1) {
                        //如果成功则弹出提示
```

```
                    window.parent.$.messager.alert('温馨提示', json.Message, "info", function () {
                        //关闭对话框
                        window.parent.$('#dlg').dialog("close");
                        //让列表重新加载
                        window.parent.$('#dg').datagrid('reload');
                    });
                }
            }
        });
    });
    </script>
}
```

(8) 运行项目，实现用户信息的添加功能，如图 9-3 所示。

图 9-3 添加用户信息

9.2.4 总结

- 对于枚举类型可以使用 Html.EnumDropDownListFor()更加方便地生成下拉框。
- 添加用户信息时，需要为用户添加默认密码，存储在数据库中需要进行 MD5 加密。

9.3 实现用户信息更新

9.3.1 任务目标

- 实现用户信息更新功能。

9.3.2 任务描述

(1) 用户单击“编辑”按钮，首先判断有没有选中数据行，若没有选中数据行则先提示信息。

(2) 编辑信息时利用对话框显示当前要编辑的信息，修改后单击“更新”按钮实现数据更新。

(3) 更新成功后，弹出信息提示，刷新列表数据。

9.3.3 实现步骤

(1) 在 HPIT.MemberPoint.Service 层的 UserService 类中添加两个方法，分别是根据 id 获取用户信息的方法和更新用户信息的方法。

```
/// <summary>
/// 根据 id 获取用户信息
/// </summary>
/// <param name="id"></param>
/// <returns></returns>
public UserViewModel GetUser(int id)
{
    using (var db = new MemberPointContext())
    {
        var model = db.Users.FirstOrDefault(u => u.U_ID == id);
        if (model != null)
        {
            var viewModel = new UserViewModel()
            {
                CanDelete = (bool)model.U_CanDelete,
                Id = model.U_ID,
                LoginName = model.U_LoginName,
                RealName = model.U_RealName,
                Role = (RoleEnum)model.U_Role,
                Sex = model.U_Sex,
                Telephone = model.U_Telephone
```

```
                };

                return viewModel;
            }
            return null;
        }
    }

    /// <summary>
    /// 更新用户信息
    /// </summary>
    /// <param name="viewModel"></param>
    /// <returns></returns>
    public OperateResult UpdateUser(UserViewModel viewModel)
    {
        using (var db = new MemberPointContext())
        {
            var model = db.Users.FirstOrDefault(u => u.U_ID == viewModel.Id);
            if (model != null)
            {
                model.U_CanDelete = viewModel.CanDelete;
                model.U_LoginName = viewModel.LoginName;
                model.U_RealName = viewModel.RealName;
                model.U_Role = (int)viewModel.Role;
                model.U_Sex = viewModel.Sex;
                model.U_Telephone = viewModel.Telephone;

                if (db.SaveChanges() > 0)
                    return new OperateResult(StateEnum.Success, "更新成功");
                else
                    return new OperateResult(StateEnum.Error, "更新失败");

            }
            else
            {
                return new OperateResult(StateEnum.Error, "该用户不存在");
            }
        }
    }
```

(2) 在 HPIT.MemberPoint.Web 层的 UserController 控制器中添加 Action 方法调用业务逻辑层方法。

```
    /// <summary>
    /// 加载编辑视图
    /// </summary>
    /// <param name="id"></param>
```

```
/// <returns></returns>
[HttpGet]
public ActionResult Edit(int id)
{
    UserService userService = new UserService();
    var viewModel = userService.GetUser(id);
    return View(viewModel);
}

/// <summary>
/// 提交编辑用户信息
/// </summary>
/// <param name="viewModel"></param>
/// <returns></returns>
[HttpPost]
public ActionResult Edit(UserViewModel viewModel)
{
    UserService userService = new UserService();
    var result = userService.UpdateUser(viewModel);
    return Json(result);
}
```

(3) 在 Action 方法上单击右键，添加新视图，其内容基本和添加保持一致，唯一的区别在于需要把编辑的 id 存放在隐藏域中，方便提交的时候获取该值。

```
@model HPIT.MemberPoint.Model.ViewModels.CardLevelViewModel
@{
    ViewBag.Title = "编辑会员等级";
}


<form id="submitForm" class="easyui-form" method="post" data-options="novalidate:true">
    <table align="center">
        <tr>
            <td>等级名称：</td>
            <td>
                @Html.TextBoxFor(m => m.LevelName, new { @class = "easyui-textbox", data_options =
                                    "required:true", missingMessage = "请输入等级名称" })
            </td>
        </tr>
        <tr>
            <td>兑换比例：</td>
            <td>
                @Html.TextBoxFor(m => m.Point, new { @class = "easyui-textbox", data_options =
                                    "required:true,validType:'intNum'", missingMessage = "请输入兑
                                    换比例" })
            </td>
```

```
            </tr>
            <tr>
                <td></td>
                <td style="color:Red;">(注：消费 xx 人民币兑换 1 积分，默认：10RMB=1 积分)</td>
            </tr>
            <tr>
                <td>折扣比例：</td>
                <td> @Html.TextBoxFor(m => m.Percent, new { @class = "easyui-textbox", data_options
                                = "required:true,validType:'discountNum'", missingMessage = "
                                请输入折扣比例" })</td>
            </tr>
            <tr>
                <td></td>
                <td style="color:Red;">(注：达到此等级时，所享受的折扣率，如0.8表示打八折，1表
                                示不打折)</td>
            </tr>
            <tr>
                <td colspan="2" align="center">
                    <input type="button" value="更新" id="btn_Submit" />
                </td>
            </tr>
        </table>
        @Html.HiddenFor(e => e.Id)
    </form>
```

注意：

请添加验证相关 JavaScript 的引用。

(4) 在 Index.cshtml 中添加弹出编辑用户信息表单的 JavaScript。

```
//为编辑按钮注册点击事件
$(".Update").click(function () {
    //判断用户有没有选择其中一行
    //返回第一个被选中的行或如果没有选中的行，则返回 null
    var row = $('#dg').datagrid('getSelected');
    if (row != null) {
        //弹出修改对话框
        $('#dlg').dialog({
            title: '修改用户',
            width: 500,
            height: 370,
        }).dialog('open');

        //为 iframe 的 src 属性赋值，以加载添加页面
        $("#frm1").attr("src", "/User/Edit/"+row.Id);
    }
    else {
```

```
            //如果没有选中，则提示用户先选择
            $.messager.alert('警告', '您还没有选择一行，请先选择您要修改的数据！', 'warning');
        }
});
```

(5) 在 Edit.cshtml 中添加提交表单的 JavaScript。

```
@section scripts
{
    <script src="~/Scripts/validate.js"></script>
    <script>
        //为更新按钮注册点击事件
        $("#btn_Submit").click(function () {
            //表单提交
            $('#submitForm').form('submit', {
                url: "/CardLevel/Edit",
                onSubmit: function () {
                    //进行客户端校验
                    return $(this).form('enableValidation').form('validate');
                },
                success: function (data) {
                    var json = JSON.parse(data);
                    if (json.State == 1) {

                        //如果成功则弹出提示
                        window.parent.$.messager.alert('温馨提示', json.Message, "info", function () {
                            //关闭对话框
                            window.parent.$('#dlg').dialog("close");
                            //让列表重新加载
                            window.parent.$('#dg').datagrid('reload');
                        });


                    }


                }
            });
        });
    </script>
}
```

(6) 运行项目，实现用户信息的编辑功能，如图 9-4 所示。

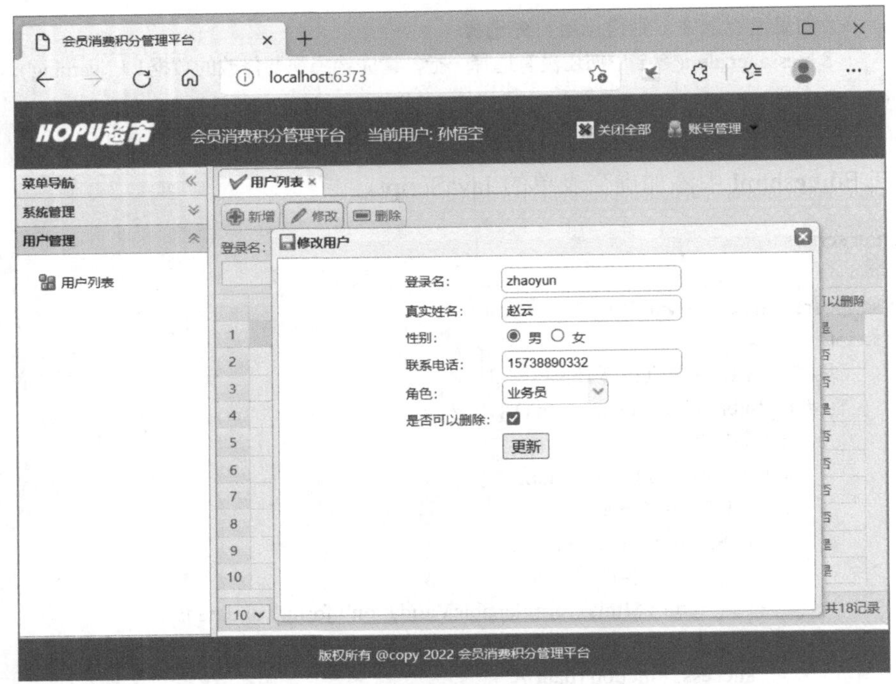

图 9-4 编辑用户信息

9.3.4 总结

- 由于使用表单内容和添加内容的过程基本一致，所以在开发本功能的时候可以复用添加视图。
- 添加和编辑提交表单的操作逻辑基本一致，区别在于提交的路径不同。
- 利用隐藏域保存编辑的主键 ID，方便服务端进行获取。

9.4 实现会员等级删除

9.4.1 任务目标

- 实现用户信息删除功能。

9.4.2 任务描述

(1) 用户单击“删除”按钮，首先判断有没有选中数据行，若没有选中数据行则先弹出提示信息。

(2) 删除时先提示用户是否要删除，如果选择“是”，则执行删除。

(3) 对于不允许删除的用户则提示相关信息。

(4) 删除成功后，弹出信息提示，刷新列表数据。

9.4.3 实现步骤

(1) 在 HPIT.MemberPoint.Service 层的 UserService 类中添加删除的方法，需要判断该用户是否允许删除。

```
/// <summary>
/// 删除用户
/// </summary>
/// <param name="id"></param>
/// <returns></returns>
public OperateResult DeleteUser(int id)
{
    using (var db = new MemberPointContext())
    {
        var model = db.Users.FirstOrDefault(u => u.U_ID == id);
        if (model != null)
        {
            if (!model.U_CanDelete)
                return new OperateResult(StateEnum.Error, "该用户不允许删除");
            db.Users.Remove(model);

            if (db.SaveChanges() > 0)
                return new OperateResult(StateEnum.Success, "删除成功");
            else
                return new OperateResult(StateEnum.Error, "删除失败");
        }
        else
        {
            return new OperateResult(StateEnum.Error, "该用户不存在");
        }
    }
}
```

(2) 在 HPIT.MemberPoint.Web 层的 UserController 控制器中添加 Action 方法调用业务逻辑层方法。

```
/// <summary>
/// 删除用户信息
/// </summary>
/// <param name="id"></param>
```

```
/// <returns></returns>
[HttpPost]
public ActionResult Delete(int id)
{
    UserService userService = new UserService();
    var result = userService.DeleteUser(id);
    return Json(result);
}
```

(3) 在 Index.cshtml 中为删除按钮注册点击事件，执行删除操作。

```
//为删除按钮注册点击事件
$(".Delete").click(function () {
   //判断用户有没有选择其中一行
   //返回第一个被选中的行或如果没有选中的行，则返回 null
   var row = $('#dg').datagrid('getSelected');
   if (row != null) {
       //判断是否可以删除
       if (row.CanDelete) {
           $.messager.confirm('确认', '您确认想要删除记录吗？', function (r) {
               if (r) {
                   //发送 ajax 请求 i 执行删除
                   $.post("/User/Delete", { id: row.Id }, function (data) {
                       if (data.State == 1) {
                           $.messager.alert('温馨提示', data.Message, 'info');
                           //刷新列表
                           $('#dg').datagrid('reload');
                       }
                       else {
                           $.messager.alert('警告', data.Message, 'warning');
                       }
                   }, "json")
               }
           });
       }
       else {
           $.messager.alert('警告', '该用户不允许删除！', 'warning');
       }
   }
   else {
       //如果没有选中，则提示用户先选择
       $.messager.alert('警告', '您还没有选择一行，请先选择您要删除的数据！', 'warning');
   }
});
```

(4) 运行项目，实现用户的删除，如图 9-5 所示。

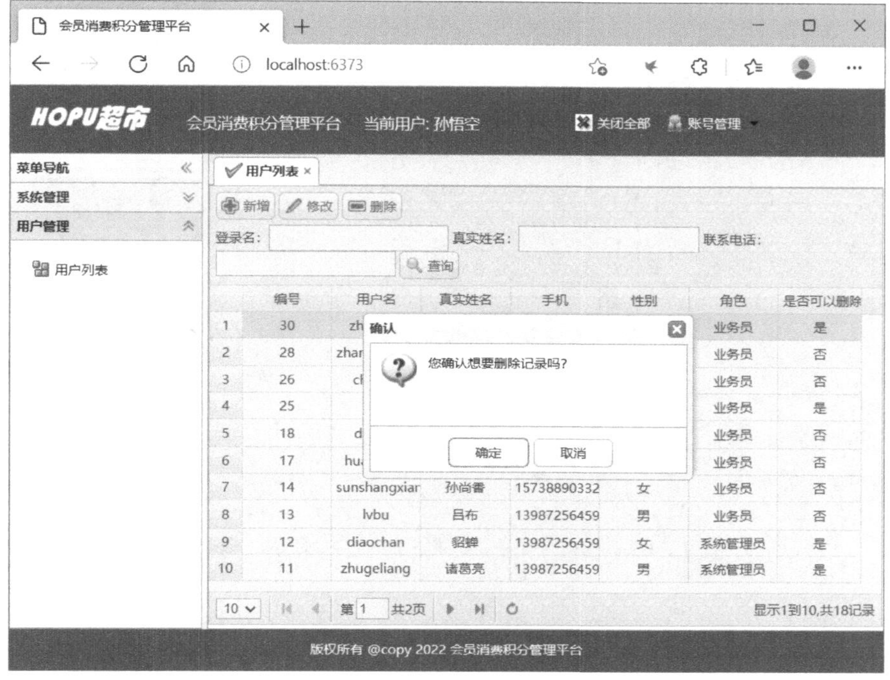

图 9-5　删除用户信息

9.4.4 总结

- 删除是比较敏感的操作，在删除之前要先进行确认。
- 对于判断是否有数据行被选中，其实现方法和编辑相同。
- DataGrid 中可以通过 getSelected 获取选中的行对象，从而获取是否允许被删除的属性值。

会员信息管理

课程目标

❖ 实现查询会员信息功能

❖ 实现添加会员信息功能

❖ 实现编辑会员信息功能

❖ 实现删除会员信息功能

❖ 实现会员卡锁定/挂失功能

简介

本单元为项目中最核心的模块，也就是实现会员信息的维护，因为项目的主要业务就是围绕着会员信息展开的。本模块业务相比之前的模块稍微有些复杂，处理的数据字段也较之前有所增加，还会涉及与其他表的关联等。

10.1 实现会员信息查询

10.1.1 任务目标

- 实现会员信息列表分页显示。
- 实现会员信息列表多条件查询。

10.1.2 任务描述

(1) 默认加载页面显示所有会员列表信息，并支持分页。

(2) 通过输入会员卡号、会员姓名、电话、会员等级、状态等进行多条件查询。

10.1.3 实施步骤

(1)在 HPIT.MemberPoint.Model 中的 ViewModels 文件夹下添加一个 MemCardListViewModel 类，用来表示列表页面需要显示的属性信息。

```
using System;

namespace HPIT.MemberPoint.Model.ViewModels
{
    public class MemCardListViewModel
    {
        public int Id { get; set; }
        public string CardId { get; set; }
        public string Name { get; set; }
        public bool Sex { get; set; }
        public string Mobile { get; set; }
        public int Point { get; set; }
        public decimal TotalMoney { get; set; }
        public int State { get; set; }
        public DateTime CreateTime { get; set; }
```

```
        public string CardLevelName { get; set; }
        public int TotalCount { get; set; }
    }
}
```

(2) 在 HPIT.MemberPoint.Model 中的 ViewModels 文件夹下再添加一个 MemCardSearchViewModel类，用来封装多条件查询和分页的请求参数。

```
namespace HPIT.MemberPoint.Model.ViewModels
{
    public class MemCardSearchViewModel
    {
        /// <summary>
        /// 会员卡号
        /// </summary>
        public string CardId { get; set; }

        /// <summary>
        /// 会员姓名
        /// </summary>
        public string Name { get; set; }

        /// <summary>
        /// 手机
        /// </summary>
        public string Mobile { get; set; }

        /// <summary>
        /// 状态
        /// </summary>
        public int State { get; set; }

        /// <summary>
        /// 会员等级
        /// </summary>
        public int CardLevelId { get; set; }

        /// <summary>
        /// 当前页数
        /// </summary>
        public int Page { get; set; }

        /// <summary>
        /// 页大小
        /// </summary>
        public int Rows { get; set; }
    }
}
```

(3) 在 HPIT.MemberPoint.Service 层的 MemCardService 类中添加一个方法用来分页查询会员信息。

```
/// <summary>
        /// 会员信息分页查询
        /// </summary>
        /// <param name="viewModel"></param>
        /// <returns></returns>
        public PagedViewModel GetList(MemCardSearchViewModel viewModel)
        {
            using (var db = new MemberPointContext())
            {
                var query = db.MemCards.AsQueryable();

                //根据用户输入的参数信息进行多条件查询
                if (!string.IsNullOrWhiteSpace(viewModel.CardId))
                    query = query.Where(e => e.MC_CardID == viewModel.CardId);
                if (!string.IsNullOrWhiteSpace(viewModel.Name))
                    query = query.Where(e => e.MC_Name.Contains(viewModel.Name));
                if (!string.IsNullOrWhiteSpace(viewModel.Mobile))
                    query = query.Where(e => e.MC_Mobile == viewModel.Mobile);
                if (viewModel.CardLevelId > 0)
                    query = query.Where(e => e.CL_ID == viewModel.CardLevelId);
                if (viewModel.State > 0)
                    query = query.Where(e => e.MC_State == viewModel.State);

                var list = query.Select(e => new MemCardListViewModel()
                {
                    CardId = e.MC_CardID,
                    Name = e.MC_Name,
                    Mobile = e.MC_Mobile,
                    CreateTime = e.MC_CreateTime,
                    Id = e.MC_ID,
                    Point = e.MC_Point,
                    State = e.MC_State,
                    Sex = e.MC_Sex,
                    TotalMoney = e.MC_TotalMoney,
                    TotalCount = e.MC_TotalCount,
                    CardLevelName = e.CardLevels.CL_LevelName
                }).OrderByDescending(u => u.Id).Skip((viewModel.Page - 1) * viewModel.Rows).
                                                        Take(viewModel.Rows).ToList();

                //获取总记录数
                int totalCount = query.Count();

                return new PagedViewModel() { rows = list, total = totalCount };
            }
        }
```

(4) 在 HPIT.MemberPoint.Common 层中添加一个表示会员卡状态的枚举。

```
using System.ComponentModel;

namespace HPIT.MemberPoint.Common
{
    public enum CardStateEnum
    {
        [Description("正常")]
        正常 = 1,
        [Description("挂失")]
        挂失 = 2,
        [Description("锁定")]
        锁定 = 3
    }
}
```

(5) 在 HPIT.MemberPoint.Common 层中添加一个枚举转字典集合的帮助类。

```
using System;
using System.Collections.Generic;
using System.ComponentModel;

namespace HPIT.MemberPoint.Common
{
    public class EnumHelper
    {
        /// <summary>
        /// 枚举转字典集合
        /// </summary>
        /// <typeparam name="T">枚举类名称</typeparam>
        /// <param name="keyDefault">默认 key 值</param>
        /// <param name="valueDefault">默认 value 值</param>
        /// <returns>返回生成的字典集合</returns>
        public static Dictionary<string, object> EnumListDic<T>(string keyDefault, string valueDefault = "")
        {
            Dictionary<string, object> dicEnum = new Dictionary<string, object>();
            Type enumType = typeof(T);
            if (!enumType.IsEnum)
            {
                return dicEnum;
            }
            if (!string.IsNullOrEmpty(keyDefault))                    //判断是否添加默认选项
            {
                dicEnum.Add(keyDefault, valueDefault);
            }
            string[] fieldstrs = Enum.GetNames(enumType);            //获取枚举字段数组
            foreach (var item in fieldstrs)
```

```
                {
                    string description = string.Empty;
                    var field = enumType.GetField(item);
                    object[] arr = field.GetCustomAttributes(typeof(DescriptionAttribute), true);
                    //获取属性字段数组
                    if (arr != null && arr.Length > 0)
                    {
                        description = ((DescriptionAttribute)arr[0]).Description;    //属性描述
                    }
                    else
                    {
                        description = item;   //描述不存在取字段名称
                    }
                    dicEnum.Add(description, (int)Enum.Parse(enumType, item));
                    //不用枚举的 value 值作为字典 key 值的原因从枚举例子能看出来，其实这边应该
                     判断它的值不存在，默认取字段名称
                }
                return dicEnum;
            }
        }
    }
```

(6) 在 HPIT.MemberPoint.Web 层的 Controllers 文件夹中添加 MemCardController 控制器，并添加一个加载列表页面的 Action，其中需要获取会员卡状态信息和会员等级信息，通过 ViewBag 传递到视图中。

```
/// <summary>
/// 加载会员信息视图
/// </summary>
/// <returns></returns>
[HttpGet]
public ActionResult Index()
{
    CardLevelService cardLevelService = new CardLevelService();

    //1.获取会员等级信息
    var cardLevels = cardLevelService.GetList(null).Select(e => new SelectListItem() { Text =
                                        e.LevelName, Value = e.Id.ToString() }).ToList();
    cardLevels.Insert(0, new SelectListItem() { Text = "全部", Value = "0" });
    ViewBag.CardLevel = cardLevels;

    //2.获取状态信息
    var cardTypeList = EnumHelper.EnumListDic<CardStateEnum>("全部", "0");
    var cardTypeSelectList = new SelectList(cardTypeList, "value", "key");
    ViewBag.CardTypeSelectList = cardTypeSelectList;
    return View();
}
```

(7) 在 Index 方法上单击右键，添加新的视图，利用 EasyUI 编写会员列表页面布局。

```
@{
    ViewBag.Title = "Index";
}

<table id="dg" align="center"></table>
<div id="tb" style="padding:5px;height:auto">
    <div style="margin-bottom:5px">
        <a href="#" id="btn_Create" class="easyui-linkbutton" iconCls="icon-add">新增</a>
        <a href="#" id="btn_Edit" class="easyui-linkbutton" iconCls="icon-edit">修改</a>
        <a href="#" id="btn_Delete" class="easyui-linkbutton" iconCls="icon-remove">删除</a>
        <a href="#" id="btn_Lock" class="easyui-linkbutton" iconCls="icon-lock">锁定/挂失</a>
    </div>
    <div>
        会员卡号：<input id="txt_CardId" type="text" class="easyui-textbox" />
        会员姓名：<input id="txt_Name" type="text" class="easyui-textbox" />
        电话：<input id="txt_Mobile" type="text" class="easyui-textbox" />
        会员等级：@Html.DropDownList("CardLevel", ViewBag.CardLevel as
                                IEnumerable<SelectListItem>, new { @class = "easyui-combobox" })
        状态：@Html.DropDownList("CardTypeSelectList", ViewBag.CardTypeSelectList as
                                IEnumerable<SelectListItem>, new { @class = "easyui-combobox" })
        <a href="#" id="btn_Search" class="easyui-linkbutton Search" iconCls="icon-search">查询</a>
    </div>
</div>
<div id="dlg" class="easyui-dialog"
data-options="iconCls:'icon-save',resizable:true,modal:true,closed:true">
    <iframe id="frm1" width="99%" height="99%" frameborder="0"></iframe>
</div>
```

(8) 利用 Datagrid 组件实现异步读取会员列表数据，在 Index.cshtml 中加入如下 JavaScript。

```
$(function () {
        $("#dg").datagrid({
            fitColumns: true,        //使列自动展开/收缩到合适的 DataGrid 宽度
            toolbar: "#tb",          //toolbar：通过选择器指定的工具栏
            pagination: true,
            //pagination 如果为 true，则在 DataGrid 控件底部显示分页工具栏
            fit: true,               //fit 当设置为 true 的时候，面板大小将自适应父容器
            singleSelect: true,      //如果为 true，则只允许选择一行
            rownumbers: true,        //如果为 true，则显示一个行号列
            url: "/MemCard/GetList", //url 设置能够返回 JSON 数据的 Action 所对应的路径
            columns: [[
                { field: 'CardId', title: '会员卡号', width: 200, align: "center", },
                { field: 'Name', title: '会员姓名', width: 200, align: "center", },
                {
                    field: 'Sex', title: '性别', width: 100, align: "center", formatter: function (value,
```

```
                                                                row, index) {
                    if (value == 1) {
                        return "男";
                    } else {
                        return "女";
                    }
                }
            },
            { field: 'Mobile', title: '手机号码', width: 200, align: "center", },
            { field: 'CardLevelName', title: '当前等级', width: 200, align: "center", },
            { field: 'TotalCount', title: '消费次数', width: 200, align: "center", },
            { field: 'TotalMoney', title: '累计消费', width: 200, align: "center", },
            {
                field: 'State', title: '会员卡状态', width: 200, align: "center", formatter:
                function (value, row, index) {
                    if (value == 1) {
                        return "正常";
                    } else if (value == 2) {
                        return "挂失";
                    } else if (value == 3) {
                        return "锁定";
                    }
                    else {
                        return "未知";
                    }
                }},
            { field: 'Point', title: '当前积分', width: 200, align: "center", },
            {
                field: 'CreateTime', title: '登记时间', width: 200, align: "center", formatter:
                function (value, row, index) {
                    return FormatJsonTime(row.CreateTime);
                }
            }

        ]]
    });

    //多条件搜索查询
    $("#btn_Search").click(function () {
        $("#dg").datagrid("load", {
            CardId: $.trim($("#txt_CardId").val()),
            Name: $.trim($("#txt_Name").val()),
            Mobile: $.trim($("#txt_Mobile").val()),
            State: $("#CardTypeSelectList").val(),
            CardLevelId: $("#CardLevel").val(),
        });

    });
```

(9) 在 Scripts 文件夹下添加一个 Toolkit.js，用来封装 JSON 时间转换的方法。

```
//格式化 JSON 时间
function FormatJsonTime(date) {
    if (date != null) {
        var de = new Date(parseInt(date.replace("/Date(", "").replace(")/", "").split("+")[0]));
        var y = de.getFullYear();
        var m = de.getMonth() + 1;
        var d = de.getDate();
        var h = de.getHours();
        var mi = de.getMinutes();
        var s = de.getSeconds();
        return y + '-' + (m < 10 ? ('0' + m) : m) + '-' + (d < 10 ? ('0' + d) : d)+'
                    '+(h<10?('0'+h):h)+':'+(mi<10?('0'+mi):mi)+':'+(s<10?('0'+s):s);
    }
    else {
        return "";
    }
}
//格式化日期
function FormatJsonDate(date) {
    if (date != null) {
        var de = new Date(parseInt(date.replace("/Date(", "").replace(")/", "").split("+")[0]));
        var y = de.getFullYear();
        var m = de.getMonth() + 1;
        var d = de.getDate();
        return y + '-' + (m < 10 ? ('0' + m) : m) + '-' + (d < 10 ? ('0' + d) : d);
    }
    else {
        return "";
    }
}
```

(10) 在 Index.cshtml 中引入该脚本文件。

```
<script src="~/Scripts/Toolkit.js"></script>
```

(11) 在 MemCardController 控制器中添加 Action，调用业务逻辑层封装的方法获取数据，并返回 JSON 数据格式。

```
/// <summary>
/// 获取会员信息
/// </summary>
/// <param name="viewModel"></param>
/// <returns></returns>
[HttpPost]
public ActionResult GetList(MemCardSearchViewModel viewModel)
{
```

```
        MemCardService memCardService = new MemCardService();
        var list = memCardService.GetList(viewModel);
        return Json(list);
}
```

(12) 运行项目，可以看到默认加载所有会员信息，并支持分页效果，如图 10-1 所示。

	会员卡号	会员姓名	性别	手机号码	当前等级	消费次数	累计消费	会员卡状态	当前积分	登记时间
1	800019	刘备	男	15738890337	金卡会员	2	1200	正常	350	2022-01-21 11:3
2	800018	Jack	男	15738890336	至尊会员	0	0	正常	10	2019-09-03 11:0
3	800017	诸葛亮	男	15738890335	至尊会员	0	0	正常	111	2019-03-13 09:4
4	800016	李白	男	15738890334	银卡会员	0	0	正常	0	2019-03-13 09:2
5	800015	Tom	男	15738890333	金卡会员	0	0	正常	200	2017-08-15 12:1
6	800014	何爽	男	15738890332	至尊会员	0	0	正常	100	2017-08-13 13:3
7	800013	王为腾	男	18659847861	普通会员	0	0	正常	0	2009-12-28 00:0
8	800012	王玉竹	女	18986456889	普通会员	0	0	正常	0	2015-04-01 00:0
9	800010	徐穹	女	18986456889	普通会员	0	0	正常	0	2015-04-01 00:0
10	800009	谢先斌	男	18986456889	普通会员	1	800	正常	50	2015-04-01 00:0

图 10-1　会员信息列表

(13) 在会员卡号、会员姓名、电话文本框中输入文字或选择会员等级、状态下拉框选项，单击“查询”按钮可以实现多条件查询，如图 10-2 所示。

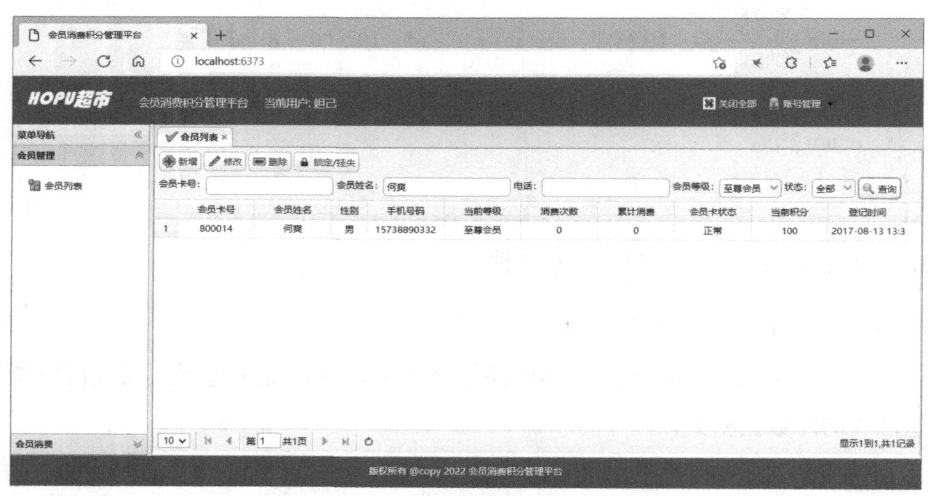

图 10-2　会员信息多条件查询

10.1.4 总结

- 加载列表页面时需要通过读取会员登记表来获取数据，再通过 ViewBag 传递到视图中。

- 会员卡状态可以通过定义枚举类型来表示，枚举类型可以转换成字典集合供前台使用。
- 对于时间类型，JSON 序列化之后会以时间戳形式返回，可以定义一个 js 方法对其进行转换。

10.2 实现会员信息添加

10.2.1 任务目标

- 实现会员信息添加功能。

10.2.2 任务描述

(1) 会员单击“添加”按钮可以弹出添加会员信息的对话框。

(2) 会员等级为下拉框显示，性别为单选按钮，卡片过期时间为日期选择框。

(3) 当勾选“设置卡片过期时间”时，启用卡片过期时间为日期选择框，否则清空内容并禁用。

(4) 输入内容后单击“添加”按钮即可实现添加操作。

(5) 会员输入信息的时候需要校验是否合法。

(6) 添加成功后，弹出信息提示，刷新列表数据。

10.2.3 实现步骤

(1) 在 HPIT.MemberPoint.Web 表现层的 MemCardController 控制器中添加方法，用来加载新增会员页面视图。

```
/// <summary>
/// 加载添加会员视图
/// </summary>
/// <returns></returns>
[HttpGet]
public ActionResult Add()
{
    CardLevelService cardLevelService = new CardLevelService();

    //获取会员等级信息
    var cardLevels = cardLevelService.GetList(null).Select(e => new SelectListItem() { Text =
```

```
                                  e.LevelName, Value = e.Id.ToString() }).ToList();
        ViewBag.CardLevel = cardLevels;

        return View();
    }
```

(2) 在 Action 方法上单击右键，添加新视图，并对添加界面进行布局。

```
@model HPIT.MemberPoint.Model.ViewModels.MemCardViewModel
@{
    ViewBag.Title = "添加会员";
}

<form id="submitForm" class="easyui-form" method="post" data-options="novalidate:true">

    <fieldset>
        <legend>会员基本信息</legend>
        <table align="center">
            <tr>
                <td>会员卡号：</td>
                <td>
                    @Html.TextBoxFor(model => model.CardId, new { @class = "easyui-textbox",
                                        data_options = "required:true", missingMessage = "请输入会
                                        员卡号" })

                </td>
                <td>会员姓名：</td>
                <td>@Html.TextBoxFor(model => model.Name, new { @class = "easyui-textbox",
                                        data_options = "required:true", missingMessage = "请输入会
                                        员姓名" })</td>
            </tr>
            <tr>

                <td>手机号码：</td>
                <td>@Html.TextBoxFor(model => model.Mobile, new { @class = "easyui-textbox",
                                        data_options = "required:true,validType:'mobileNum'",
                                        missingMessage = "请输入手机号码" })</td>
                <td>卡片密码：</td>
                <td>@Html.TextBoxFor(model => model.Password, new { @class =
                                        "easyui-passwordbox", data_options = "required:true",
                                        missingMessage = "请输入卡片密码" })</td>
            </tr>
            <tr>
                <td>会员性别：</td>
                <td>
                    @Html.RadioButtonFor(model => model.Sex, true, new { @checked = true }) 男
                    @Html.RadioButtonFor(model => model.Sex, false) 女
                </td>
```

```
                <td>会员等级：</td>
                <td>
                    @Html.DropDownListFor(model => model.CardLevelId, ViewBag.CardLevel as
                                                IEnumerable<SelectListItem>, new { @class =
                                                "easyui-combobox" })
                </td>
            </tr>
            <tr>
                <td>会员生日：</td>
                <td> @Html.TextBoxFor(model => model.Birthday_Month, new { @class =
                                        "easyui-textbox", data_options = "required:true,validType:
                                        'monthNum'", missingMessage = "请输入月份" })月</td>
                <td colspan="2"> @Html.TextBoxFor(model => model.Birthday_Day, new { @class
                                        = "easyui-textbox", data_options = "required:true,validType:
                                        'dateNum'", missingMessage = "请输入日期" }) 日</td>

            </tr>
            <tr>

                <td colspan="2">@Html.CheckBoxFor(model => model.IsPast)设置卡片过期时间
                                                    (到期则此卡自动失效) </td>
                <td colspan="2">@Html.TextBoxFor(model => model.PastTime, new { @class =
                                                "easyui-datebox", data_options =
                                                "editable:false,disabled:true" })</td>
            </tr>
            <tr>
                <td>卡片付费：</td>
                <td>@Html.TextBoxFor(model => model.Money, new { @class = "easyui-textbox",
                                        data_options = "validType:'moneyNum'" })</td>
                <td>积分数量：</td>
                <td>@Html.TextBoxFor(model => model.Point, new { @class = "easyui-textbox",
                                        data_options = "validType:'intNum'" })</td>
            </tr>

            <tr>
                <td colspan="4" align="center"><input type="button" id="btn_Submit" value="提交"
                /></td>

            </tr>
        </table>

    </fieldset>

</form>
```

(3) 在 Add.cshtml 中为“设置卡片过期时间”注册点击事件。

```
//是否设置失效时间
```

```
$("#IsPast").click(function () {
    if (!$(this).prop("checked")) {
        $("#PastTime").datebox("setValue", "").datebox({ "disabled": true });
    }
    else {
        $("#PastTime").datebox({ "disabled": false });
    }
});
```

(4) 在 Index.cshtml 中为添加按钮注册点击事件，弹出对话框。

```
//点击按钮弹出添加 dialog 对话框
$("#btn_Create").click(function () {
    //1.弹出 dialog 对话框
    $("#dlg").dialog({ width: 600, height: 350 }).dialog("setTitle", "添加会员").dialog("open");
    //2.给 iframe 的 src 属性赋值
    $("#frm1").attr("src", "/MemCard/Add");
});
```

(5) 在 HPIT.MemberPoint.Service 层的 MemCardService 类中添加方法，用来新增会员信息。

```
/// <summary>
/// 添加会员
/// </summary>
/// <param name="viewModel"></param>
/// <returns></returns>
public OperateResult Add(MemCardViewModel viewModel)
{
    var model = new MemCards()
    {
        CL_ID = viewModel.CardLevelId,
        MC_Birthday_Day = viewModel.Birthday_Day,
        MC_Birthday_Month = viewModel.Birthday_Month,
        MC_CardID = viewModel.CardId,
        MC_IsPast = viewModel.IsPast,
        MC_CreateTime = DateTime.Now,
        MC_Mobile = viewModel.Mobile,
        MC_Sex = viewModel.Sex,
        MC_Money = viewModel.Money,
        MC_Name = viewModel.Name,
        MC_Password = viewModel.Password,
        MC_PastTime = viewModel.IsPast ? viewModel.PastTime : null,
        MC_Point = viewModel.Point,
        MC_State = (int)CardStateEnum.正常
    };

    using (var db = new MemberPointContext())
    {
```

```
            db.MemCards.Add(model);
            if (db.SaveChanges() > 0)
                return new OperateResult(StateEnum.Success, "添加成功");
            else
                return new OperateResult(StateEnum.Error, "添加失败");
        }
    }
```

(6) 在 HPIT.MemberPoint.Web 表现层的 MemCardController 控制器中添加 Action，调用业务逻辑层中的方法。

```
/// <summary>
/// 提交添加会员信息
/// </summary>
/// <param name="viewModel"></param>
/// <returns></returns>
[HttpPost]
public ActionResult Add(MemCardViewModel viewModel)
{
    MemCardService memCardService = new MemCardService();
    var result = memCardService.Add(viewModel);
    return Json(result);
}
```

(7) 在 Add.cshtml 中添加提交表单的 JavaScript 方法。

```
//为新增按钮注册点击事件
$("#btn_Submit").click(function () {
    //表单提交
    $('#submitForm').form('submit', {
        url: "/MemCard/Add",
        onSubmit: function () {
            //进行客户端校验
            return $(this).form('enableValidation').form('validate');
        },
        success: function (data) {
            var json = JSON.parse(data);
            if (json.State == 1) {
                //如果成功则弹出提示
                window.parent.$.messager.alert('温馨提示', json.Message, "info", function () {
                    //关闭对话框
                    window.parent.$('#dlg').dialog("close");
                    //让列表重新加载
                    window.parent.$('#dg').datagrid('reload');
                });
            }
        }
    });
});
```

(8) 运行项目，实现会员信息的添加，如图 10-3 所示。

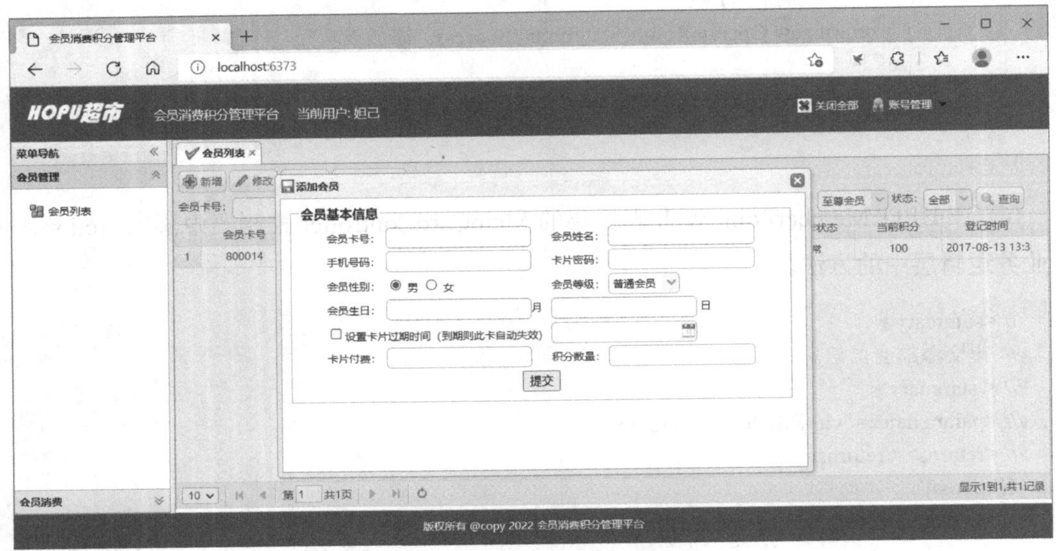

图 10-3　添加会员信息

10.2.4 总结

- 在加载添加视图时需要在 Action 中获取会员等级信息，通过 ViewBag 传递到视图中。
- EasyUI 通过 easyui-datebox 显示日期框组件。
- EasyUI 通过 editable 属性来控制组件是否可以编辑，disabled 属性表示是否可用。
- 注意表单中手机号码、金额、数字等数据格式的合法性校验。

10.3 实现会员信息更新

10.3.1 任务目标

- 实现会员信息更新功能。

10.3.2 任务描述

(1) 会员单击“编辑”按钮，首先判断有没有选中数据行，若没有选中数据行则先提示信息。

(2) 编辑信息时利用对话框显示当前要编辑的信息，修改后单击“更新”按钮实现数据更新。

(3) 更新成功后，弹出信息提示，刷新列表数据。

10.3.3 实现步骤

(1) 在 HPIT.MemberPoint.Service 层的 MemCardService 类中添加方法，用来根据 ID 获取会员信息的方法和更新会员信息的方法。

```
// <summary>
/// 根据 id 获取会员信息
/// </summary>
/// <param name="id"></param>
/// <returns></returns>
public MemCardViewModel Get(int id)
{
    using (var db = new MemberPointContext())
    {
        var model = db.MemCards.FirstOrDefault(e => e.MC_ID == id);
        if (model != null)
        {
            var viewModel = new MemCardViewModel()
            {
                Birthday_Day = model.MC_Birthday_Day,
                Birthday_Month = model.MC_Birthday_Month,
                CardId = model.MC_CardID,
                CardLevelId = model.CL_ID,
                Id = model.MC_ID,
                IsPast = model.MC_IsPast,
                Mobile = model.MC_Mobile,
                Money = model.MC_Money,
                Name = model.MC_Name,
                Password = model.MC_Password,
                PastTime = model.MC_PastTime,
                Point = model.MC_Point,
                Sex = model.MC_Sex
            };
            return viewModel;
        }
        return null;
    }
}

/// <summary>
/// 更新会员
```

```
/// </summary>
/// <param name="viewModel"></param>
/// <returns></returns>
public OperateResult Update(MemCardViewModel viewModel)
{
    using (var db = new MemberPointContext())
    {
        var model = db.MemCards.FirstOrDefault(e => e.MC_ID == viewModel.Id);
        if (model != null)
        {
            model.CL_ID = viewModel.CardLevelId;
            model.MC_Birthday_Day = viewModel.Birthday_Day;
            model.MC_Birthday_Month = viewModel.Birthday_Month;
            model.MC_CardID = viewModel.CardId;
            model.MC_IsPast = viewModel.IsPast;
            model.MC_Mobile = viewModel.Mobile;
            model.MC_Sex = viewModel.Sex;
            model.MC_Money = viewModel.Money;
            model.MC_Name = viewModel.Name;
            model.MC_Password = viewModel.Password;
            model.MC_PastTime = viewModel.IsPast ? viewModel.PastTime : null;
            model.MC_Point = viewModel.Point;

            if (db.SaveChanges() > 0)
                return new OperateResult(StateEnum.Success, "更新成功");
            else
                return new OperateResult(StateEnum.Error, "更新失败");

        }
        else
        {
            return new OperateResult(StateEnum.Error, "该会员不存在");
        }
    }
}
```

(2) 在 HPIT.MemberPoint.Web 层的 MemCardController 控制器中添加 Action 方法，用来调用业务逻辑层方法。

```
/// <summary>
/// 加载编辑会员视图
/// </summary>
/// <returns></returns>
[HttpGet]
public ActionResult Edit(int id)
{
    CardLevelService cardLevelService = new CardLevelService();
```

```
        //获取会员等级信息
        var cardLevels = cardLevelService.GetList(null).Select(e => new SelectListItem() { Text =
                                                e.LevelName, Value = e.Id.ToString() }).ToList();
        ViewBag.CardLevel = cardLevels;

        MemCardService memCardService = new MemCardService();
        var viewModel = memCardService.Get(id);

        return View(viewModel);
    }

    /// <summary>
    ///  提交编辑会员信息
    /// </summary>
    /// <param name="viewModel"></param>
    /// <returns></returns>
    [HttpPost]
    public ActionResult Edit(MemCardViewModel viewModel)
    {
        MemCardService memCardService = new MemCardService();
        var result = memCardService.Update(viewModel);
        return Json(result);
    }
```

(3) 在 Action 方法上右击添加新视图，其内容基本和添加保持一致，唯一的区别在于需要把编辑的 ID 存放在隐藏域中，方便提交的时候获取该值。

```
@model HPIT.MemberPoint.Model.ViewModels.MemCardViewModel
@{
    ViewBag.Title = "编辑会员";
}

<form id="submitForm" class="easyui-form" method="post" data-options="novalidate:true">

    <fieldset>
        <legend>会员基本信息</legend>
        <table align="center">
            <tr>
                <td>会员卡号：</td>
                <td>
                    @Html.TextBoxFor(model => model.CardId, new { @class = "easyui-textbox",
                            data_options = "required:true", missingMessage = "请输入会员卡号" })

                </td>
                <td>会员姓名：</td>
                <td>@Html.TextBoxFor(model => model.Name, new { @class = "easyui-textbox",
                            data_options = "required:true", missingMessage = "请输入会员姓名" })</td>
```

```
        </tr>
        <tr>

            <td>手机号码：</td>
            <td>@Html.TextBoxFor(model => model.Mobile, new { @class = "easyui-textbox",
                                data_options = "required:true,validType:'mobileNum'",
                                missingMessage = "请输入手机号码" })</td>
            <td>卡片密码：</td>
            <td>@Html.TextBoxFor(model => model.Password, new { @class =
                                "easyui-passwordbox", data_options = "required:true",
                                missingMessage = "请输入卡片密码" })</td>
        </tr>
        <tr>
            <td>会员性别：</td>
            <td>
                @Html.RadioButtonFor(model => model.Sex, true, new { @checked = true }) 男
                @Html.RadioButtonFor(model => model.Sex, false) 女
            </td>
            <td>会员等级：</td>
            <td>
                @Html.DropDownListFor(model => model.CardLevelId, ViewBag.CardLevel as
                                IEnumerable<SelectListItem>, new { @class =
                                "easyui-combobox" })

            </td>
        </tr>
        <tr>
            <td>会员生日：</td>
            <td> @Html.TextBoxFor(model => model.Birthday_Month, new { @class =
                                "easyui-textbox", data_options = "required:true,validType:
                                'monthNum'", missingMessage = "请输入月份" })月</td>
            <td colspan="2"> @Html.TextBoxFor(model => model.Birthday_Day, new { @class
                                = "easyui-textbox", data_options = "required:true,validType:
                                'dateNum'", missingMessage = "请输入日期" }) 日</td>


        </tr>
        <tr>

            <td colspan="2">@Html.CheckBoxFor(model => model.IsPast)设置卡片过期时间
                                (到期则此卡自动失效) </td>
            <td colspan="2">@Html.TextBoxFor(model => model.PastTime, new { @class =
                                "easyui-datebox", data_options =
                                "editable:false,disabled:true" })</td>
        </tr>
        <tr>
            <td>卡片付费：</td>
            <td>@Html.TextBoxFor(model => model.Money, new { @class = "easyui-textbox",
                                data_options = "validType:'moneyNum'" })</td>
            <td>积分数量：</td>
            <td>@Html.TextBoxFor(model => model.Point, new { @class = "easyui-textbox",
```

```
                                        data_options = "validType:'intNum'" })</td>
            </tr>

            <tr>
                <td colspan="4" align="center"><input type="button" id="btn_Submit" value="提交"
                /></td>

            </tr>
        </table>

    </fieldset>
    @Html.HiddenFor(model => model.Id)
</form>
```

注意：

请添加验证相关 js 的引用。

(4) 在 Index.cshtml 中添加弹出编辑会员信息表单的 JavaScript。

```
//点击按钮弹出编辑 dialog 对话框
$("#btn_Edit").click(function () {
    //1.判断用户是否选中行
    var row = $("#dg").datagrid("getSelected");
    //2.如果选中打开弹窗，否则提示用户
    if (row == null) {
        $.messager.alert('温馨提示', "请选择要编辑的行", 'warning');
    }
    else {
        //1.弹出 dialog 对话框
        $("#dlg").dialog({ width: 600, height: 350 }).dialog("setTitle", "编辑会员").
                                                    dialog("open");
        //2.给 iframe 的 src 属性赋值
        $("#frm1").attr("src", "/MemCard/Edit/" + row.Id);
    }
});
```

(5) 在 Edit.cshtml 中添加提交表单的 JavaScript，注意同样需要判断是否设置失效时间。

```
@section scripts
{
    <script src="~/Scripts/validate.js"></script>
    <script>
        //是否设置失效时间
        $("#IsPast").click(function () {
            if (!$(this).prop("checked")) {
                $("#PastTime").datebox("setValue", "").datebox({ "disabled": true });
            }
            else {
                $("#PastTime").datebox({ "disabled": false });
```

```
            }
        });

        //为编辑按钮注册点击事件
        $("#btn_Submit").click(function () {
            //表单提交
            $('#submitForm').form('submit', {
                url: "/MemCard/Edit",
                onSubmit: function () {
                    //进行客户端校验
                    return $(this).form('enableValidation').form('validate');
                },
                success: function (data) {
                    var json = JSON.parse(data);
                    if (json.State == 1) {
                        //如果成功则填出提示
                        window.parent.$.messager.alert('温馨提示', json.Message, "info", function () {
                            //关闭对话框
                            window.parent.$('#dlg').dialog("close");
                            //让列表重新加载
                            window.parent.$('#dg').datagrid('reload');
                        });

                    }

                }
            });

        });
    </script>
}
```

(6) 运行项目，实现会员信息的编辑，如图 10-4 所示。

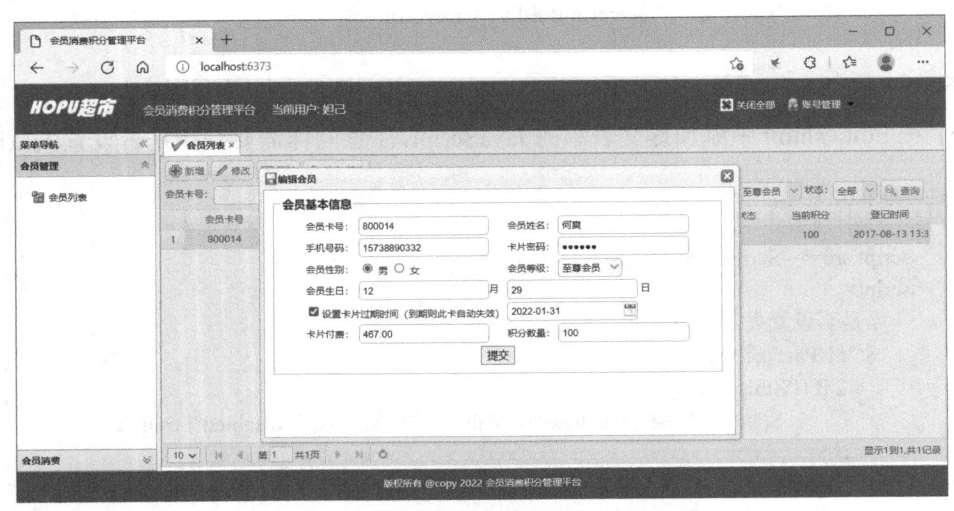

图 10-4 编辑会员信息

10.3.4 总结

- 由于编辑使用的表单内容和添加基本一致，所以在开发本功能的时候可以复用添加视图。
- 添加和编辑提交表单的操作逻辑基本一致，区别在于提交的路径不同。
- 利用隐藏域保存编辑的主键 ID，方便服务端进行获取。
- 在编辑时注意同样需要判断是否设置失效时间，可以复用添加视图中的 jQuery 代码。

10.4 实现会员等级删除功能

10.4.1 任务目标

- 实现会员信息删除功能。

10.4.2 任务描述

(1) 会员单击“删除”按钮，首先判断有没有选中数据行，若没有选中数据行则先提示信息。

(2) 删除时先提示会员是否要删除，如果选择“是”则执行删除。

(3) 对于已经消费的会员则提示信息不允许被删除。

(4) 删除成功后，弹出信息提示，刷新列表数据。

10.4.3 实现步骤

(1) 在 HPIT.MemberPoint.Service 层的 MemCardService 类中添加删除的方法，需要判断该会员是否允许删除。

```
/// <summary>
/// 删除会员
/// </summary>
/// <param name="id"></param>
/// <returns></returns>
public OperateResult Delete(int id)
{
    using (var db = new MemberPointContext())
```

```
    {
        var model = db.MemCards.FirstOrDefault(e => e.MC_ID == id);
        if (model != null)
        {
            //判断该会员是否有消费记录
            if (db.ConsumeOrders.Any(e => e.MC_ID == model.MC_ID))
                return new OperateResult(StateEnum.Error, "该会员已经有消费记录，不
                                        允许删除");
            db.MemCards.Remove(model);

            if (db.SaveChanges() > 0)
                return new OperateResult(StateEnum.Success, "删除成功");
            else
                return new OperateResult(StateEnum.Error, "删除失败");
        }
        else
        {
            return new OperateResult(StateEnum.Error, "该会员等级不存在");
        }
    }
}
```

(2) 在 HPIT.MemberPoint.Web 层的 MemCardController 控制器中添加 Action 方法，用来调用业务逻辑层方法。

```
/// <summary>
/// 删除会员
/// </summary>
/// <param name="id"></param>
/// <returns></returns>
[HttpPost]
public ActionResult Delete(int id)
{
    MemCardService memCardService = new MemCardService();
    var result = memCardService.Delete(id);
    return Json(result);
}
```

(3) 在 Index.cshtml 中为删除按钮注册点击事件，执行删除操作。

```
//删除会员
$("#btn_Delete").click(function () {
    //1.判断用户是否选中行
    //2.如果选中，弹出确认框，选择是则删除，否则删除
    var row = $("#dg").datagrid("getSelected");
    if (row == null) {
        $.messager.alert('温馨提示', "请选择要删除的行", 'warning');
    }
```

```
        else {
            $.messager.confirm('确认', '您确认想要删除记录吗？', function (r) {
                if (r) {
                    $.post("/MemCard/Delete", { id: row.Id }, function (data) {
                        if (data.State == 1) {
                            //1.提示消息
                            $.messager.alert('温馨提示', data.Message, 'info');
                            //2.重新加载数据列表
                            $("#dg").datagrid("reload");
                        }
                        else {
                            $.messager.alert('温馨提示', data.Message, 'error');
                        }

                    }, "json");
                }
            });

        }
    });
```

(4) 运行项目，实现会员的删除，如图 10-5 所示。

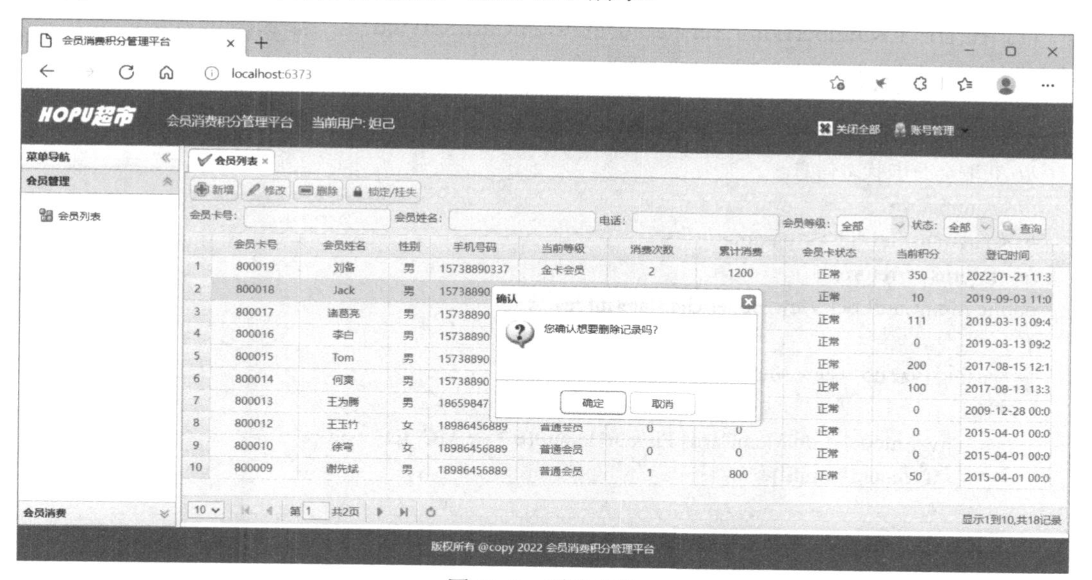

图 10-5　删除信息

10.4.4 总结

- 删除时需要判断该会员有没有消费记录，需要查询消费信息表。
- 其他删除逻辑与之前模块相同。

10.5 实现会员卡挂失/锁定功能

10.5.1 任务目标

- 实现会员卡挂失/锁定功能。

10.5.2 任务描述

(1) 会员单击“挂失/锁定”按钮，首先判断有没有选中数据行，若没有选中数据行则先提示信息。

(2) 利用对话框显示当前要操作的会员卡信息，可以选择对其挂失或锁定。

(3) 操作成功后，弹出信息提示，刷新列表数据。

10.5.3 实现步骤

(1) 在 HPIT.MemberPoint.Service 层的 MemCardService 类中添加两个方法，分别是根据 ID 获取会员卡状态的方法和更新会员卡状态的方法。

```
/// <summary>
/// 获取会员卡状态信息
/// </summary>
/// <param name="id"></param>
/// <returns></returns>
public MemCardLockViewModel GetState(int id)
{
    using (var db = new MemberPointContext())
    {
        var model = db.MemCards.FirstOrDefault(e => e.MC_ID == id);
        if (model != null)
        {
            var viewModel = new MemCardLockViewModel()
            {
                CardId = model.MC_CardID,
                Id = model.MC_ID,
                State = (CardStateEnum)model.MC_State
            };
            return viewModel;
        }
        return null;
    }
```

```
}

/// <summary>
/// 更新会员卡状态
/// </summary>
/// <param name="viewModel"></param>
/// <returns></returns>
public OperateResult UpdateState(MemCardLockViewModel viewModel)
{
    using (var db = new MemberPointContext())
    {
        var model = db.MemCards.FirstOrDefault(e => e.MC_ID == viewModel.Id);
        if (model != null)
        {
            model.MC_State = (int)viewModel.State;

            if (db.SaveChanges() > 0)
                return new OperateResult(StateEnum.Success, "修改成功");
            else
                return new OperateResult(StateEnum.Error, "修改失败");
        }
        else
        {
            return new OperateResult(StateEnum.Error, "该会员不存在");
        }
    }
}
```

(2) 在 HPIT.MemberPoint.Web 层的 MemCardController 控制器中添加 Action 方法，用来调用业务逻辑层方法。

```
/// <summary>
/// 加载锁定/挂失视图
/// </summary>
/// <returns></returns>
[HttpGet]
public ActionResult Lock(int id)
{
    MemCardService memCardService = new MemCardService();
    var viewModel = memCardService.GetState(id);
    return View(viewModel);
}

/// <summary>
/// 提交锁定/挂失视图信息
/// </summary>
/// <param name="viewModel"></param>
```

```
/// <returns></returns>
[HttpPost]
public ActionResult Lock(MemCardLockViewModel viewModel)
{
    MemCardService memCardService = new MemCardService();
    var result = memCardService.UpdateState(viewModel);
    return Json(result);
}
```

(3) 在 Action 方法上单击右键添加新视图并进行布局。

```
@model HPIT.MemberPoint.Model.ViewModels.MemCardLockViewModel
@{
    ViewBag.Title = "锁定挂失";
}
<form id="submitForm" class="easyui-form" method="post">
    <table align="center">
        <tr>
            <td>会员卡号：</td>
            <td>@Html.TextBoxFor(model => model.CardId, new { @class = "easyui-textbox",
                                    data_options = "editable:false" } )</td>
        </tr>
        <tr>
            <td>状态：</td>
            <td>@Html.EnumDropDownListFor(model => model.State, new { @class =
                                             "easyui-combobox" })</td>
        </tr>
        <tr>
            <td></td>
            <td></td>
        </tr>
        <tr>
            <td>
                @Html.HiddenFor(model => model.Id)
            </td>
            <td><input type="button" id="btn_Submit" value="保存" /></td>
        </tr>
    </table>
</form>
```

(4) 在 Index.cshtml 中添加弹出对话框的 JavaScript。

```
//点击按钮弹出锁定 dialog 对话框
$("#btn_Lock").click(function () {
    //1.判断用户是否选中行
    var row = $("#dg").datagrid("getSelected");
    //2.如果选中打开弹窗，否则提示用户
    if (row == null) {
        $.messager.alert('温馨提示', "请选择要编辑的行", 'warning');
```

```
            }
            else {
                //1.弹出 dialog 对话框
                $("#dlg").dialog({ width: 400, height: 350 }).dialog("setTitle", "锁定/挂失会员").
                                                                    dialog("open");
                //2.给 iframe 的 src 属性赋值
                $("#frm1").attr("src", "/MemCard/Lock/" + row.Id);
            }
        });
    });
```

(5) 在 Lock.cshtml 中添加提交表单的 JavaScript。

```
@section scripts
{
    <script>
        $("#btn_Submit").click(function () {
            //提交表单
            $('#submitForm').form('submit', {
                url: "/MemCard/Lock",
                success: function (data) {
                    var json = JSON.parse(data);
                    if (json.State == 1) {
                        //如果成功则弹出提示
                        window.parent.$.messager.alert('温馨提示', json.Message, "info", function () {
                            //关闭对话框
                            window.parent.$('#dlg').dialog("close");
                            //让列表重新加载
                            window.parent.$('#dg').datagrid('reload');
                        });
                    }
                }
            });

        });
    </script>
}
```

(6) 运行项目，实现会员卡的挂失/锁定，如图 10-6 所示。

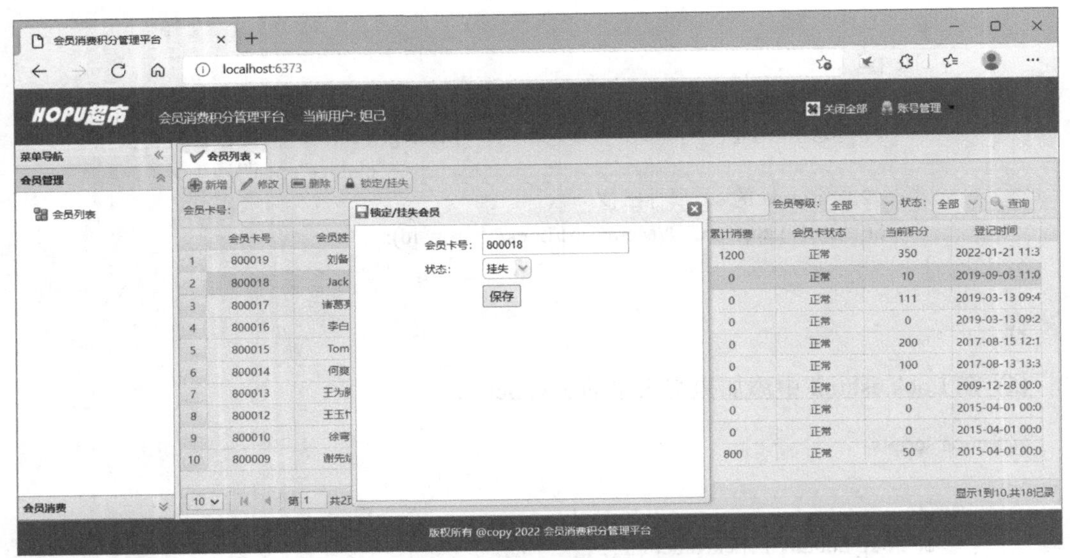

图 10-6　挂失/锁定会员卡

10.5.4 总结

- 会员卡的锁定/挂失功能其实和编辑的功能比较相似，其区别在于只更新状态信息，交互逻辑可以参考编辑功能的实现过程。
- 会员卡状态可以通过枚举来表示，在页面上通过 Html.EnumDropDownListFor()方法来生成下拉框。

会员消费

课程目标

- ❖ 实现会员快速消费功能
- ❖ 实现消费历史记录查询功能

简介

本单元主要实现会员消费功能，我们可以联想现实生活中的场景，从而更好地了解其业务需求，以实现项目中的功能。消费时根据会员的等级进行折扣和积分的积累。会员消费后会产生消费历史记录，在系统中可以进行查询。

11.1 实现会员快速消费功能

11.1.1 任务目标

- 实现会员信息的查询与展示。
- 实现折扣和兑换积分的自动计算。
- 实现结算功能。

11.1.2 任务描述

(1) 可以根据会员卡号或手机号查询出会员卡信息。

(2) 只有状态为正常的并且未过期的会员卡才能参与结算，否则提示信息。

(3) 输入消费金额后，会自动计算会员的当前折扣和兑换的积分。

(4) 结算成功后，弹出信息提示，并清空当前页面的内容。

11.1.3 实施步骤

(1) 在HPIT.MemberPoint.Model中的ViewModels文件夹下添加一个MemCardInfoViewModel类，用来表示查询会员需要显示的属性信息。

```
namespace HPIT.MemberPoint.Model.ViewModels
{
    public class MemCardInfoViewModel
    {
        public int MemCardId { get; set; }
        public string Name { get; set; }
        public string LevelName { get; set; }
        public int Point { get; set; }
        public decimal TotalMoney { get; set; }
        public double LevelPoint { get; set; }
```

```
        public double LevelPercent { get; set; }
    }
}
```

(2) 在 HPIT.MemberPoint.Service 层的 MemCardService 类中添加一个方法，用来根据输入的内容查询会员卡信息。

```
/// <summary>
/// 查询会员信息
/// </summary>
/// <param name="keyword"></param>
/// <returns></returns>
public OperateResult Search(string keyword)
{
    using (var db = new MemberPointContext())
    {
        var model = db.MemCards.FirstOrDefault(e => e.MC_Mobile == keyword ||
                                                    e.MC_CardID == keyword);
        if (model == null)
            return new OperateResult(StateEnum.Error, "未查到该会员信息");
        if ((CardStateEnum)model.MC_State != CardStateEnum.正常)
            return new OperateResult(StateEnum.Error, $"【{model.MC_Name}】会员已
                                  【{((CardStateEnum)model.MC_State).ToString()}】，
                                  不允许结算");
        if (model.MC_IsPast && model.MC_PastTime <= DateTime.Now)
            return new OperateResult(StateEnum.Error, $"【{model.MC_Name}】会员卡已于
【{model.MC_PastTime.Value.ToString("yyyy 年 MM 月 dd 日")}】失效，不允许结算");

        var viewModel = new MemCardInfoViewModel()
        {
            LevelName = model.CardLevels.CL_LevelName,
            LevelPercent = model.CardLevels.CL_Percent,
            LevelPoint = model.CardLevels.CL_Point,
            MemCardId = model.MC_ID,
            Name = model.MC_Name,
            Point = model.MC_Point,
            TotalMoney = model.MC_TotalMoney
        };
        return new OperateResult(StateEnum.Success, viewModel);
    }
}
```

(3) 在 HPIT.MemberPoint.Web 层的 Controllers 文件夹里添加 ConsumeOrderController 控制器，并添加一个加载快速消费页面的 Action。

```
/// <summary>
/// 加载快速消费界面
/// </summary>
```

```
/// <returns></returns>
[HttpGet]
public ActionResult FastConsumption()
{
    return View();
}
```

(4) 在 Index 方法上单击右键，添加新的视图，利用 EasyUI 编写快速消费页面布局。

```
@model HPIT.MemberPoint.Model.ViewModels.ConsumeOrderViewModel
@{
    ViewBag.Title = "快速消费";
}
<form id="submitForm" class="easyui-form" method="post" data-options="novalidate:true">
    <fieldset>
        <legend>查找会员</legend>
        <table style="width:50%">
            <tr>
                <td></td>
                <td></td>
            </tr>
            <tr>
                <td>卡号/手机：<input id="txt_Input" type="text" class="easyui-textbox" /><input
                        id="btn_Search" type="button" value="查找" /></td>
                <td>消费时间：<label id="lbl_CreateTime"></label></td>
            </tr>
            <tr>
                <td>姓名：<font style="color:Blue"><label id="lbl_Name"></label></font></td>
                <td>等级：<font style="color:Blue"><label id="lbl_Level"></label></font></td>
            </tr>
            <tr>
                <td>当前积分：<font style="color:Blue"><label id="lbl_Point"></label></font></td>
                <td>累计消费：¥<font style="color:Blue"><label id="lbl_TotalMoney"></label>
                        </font></td>
            </tr>
        </table>
    </fieldset>
    <table>
        <tr>
            <td>输入消费金额：</td>
            <td>
                @Html.TextBoxFor(model => model.TotalMoney, new { @class = "easyui-textbox",
                        data_options = "required:true,validType:'moneyNum'",
                        missingMessage = "请输入消费金额" })
            </td>
            <td>此处输入金额后会按照会员等级自动打折</td>
        </tr>
        <tr>
```

```
                <td>折后总金额：</td>
                <td>@Html.TextBoxFor(model => model.DiscountMoney, new { @class =
                                  "easyui-textbox", data_options = "editable:false" })</td>
                <td>可自动累计积分数量： @Html.TextBoxFor(model => model.GavePoint, new
                                 { @class = "easyui-textbox", data_options = "editable:false" })</td>

            </tr>
        </table>
        <fieldset>
            <legend>说明</legend>
            输入实际的消费金额，系统会自动根据会员等级中的设置按照一定的比例计算积分，并累
            计到会员账户<br />
            在“系统管理”—>会员等级管理中可以设置 RMB 和积分的兑换比例<br />
        </fieldset>
        <input id="btn_Submit" type="button" value="马上结算" />
        @Html.HiddenFor(model => model.MemCardId)
    </form>
```

(5) 在 MemCardController 控制器中添加新的 Action 方法，调用业务逻辑层中查询会员的方法。

```
/// <summary>
/// 查找会员
/// </summary>
/// <param name="keyword"></param>
/// <returns></returns>
[HttpPost]
public ActionResult Search(string keyword)
{
    MemCardService memCardService = new MemCardService();
    var result = memCardService.Search(keyword);
    return Json(result);
}
```

(6) 在 FastConsumption.cshtml 视图中为搜索按钮注册点击事件，执行搜索。

```
//获取当前时间
var de = new Date();
var y = de.getFullYear();
var m = de.getMonth() + 1;
var d = de.getDate();
var h = de.getHours();
var mi = de.getMinutes();
var s = de.getSeconds();
var time = y + '年' + (m < 10 ? ('0' + m) : m) + '月' + (d < 10 ? ('0' + d) : d) + '日 ' + (h < 10 ?
        ('0' + h) : h) + ':' + (mi < 10 ? ('0' + mi) : mi) + ':' + (s < 10 ? ('0' + s) : s);
$("#lbl_CreateTime").text(time);
```

```
//折扣比例
var levelPercent = 0;

//积分兑换比例
var levelPoint = 0;

//查找会员
$("#btn_Search").click(function () {
    var input = $.trim($("#txt_Input").val());
    if (input.length == 0) {
        $.messager.alert('温馨提示', "请输入手机号码或会员卡号", "info");
        return;
    }
    $.post("/MemCard/Search", { keyword: input }, function (json) {
        if (json.State == 1) {
            var data = json.Data;
            $("#lbl_Name").text(data.Name);
            $("#lbl_Level").text(data.LevelName + "(折扣比例：" + data.LevelPercent
                                  + "，积分兑换比例：" + data.LevelPoint + ":1)");
            $("#lbl_Point").text(data.Point);
            $("#lbl_TotalMoney").text(data.TotalMoney);

            //为隐藏域赋值
            $("#MemCardId").val(data.MemCardId);

            //为折扣比例和积分兑换比例赋值
            levelPercent = data.LevelPercent;
            levelPoint = data.LevelPoint;
        }
        else {
            $.messager.alert('温馨提示', json.Message, "info");
        }
    }, "json");

});
```

(7) 为消费金额文本框注册失去焦点事件，自动计算折扣和兑换积分。

```
//自动计算折扣比例和积分兑换比例
$("#TotalMoney").textbox("textbox").bind("blur", function () {
    if ($("#submitForm").form('enableValidation').form('validate')) {
        var money = parseFloat($(this).val());
        $("#DiscountMoney").textbox("setValue", (money * levelPercent).toFixed(2));
        $("#GavePoint").textbox("setValue", parseInt(money / levelPoint));
    }
});
```

(8) 在 HPIT.MemberPoint.Service 层的 ConsumeOrderService 类中添加一个方法，用来

封装结算的业务逻辑。

```
/// <summary>
///  快速消费
/// </summary>
/// <param name="viewModel"></param>
/// <returns></returns>
public OperateResult Consumption(ConsumeOrderViewModel viewModel)
{
    using (var db = new MemberPointContext())
    {
        //判断会员卡是否可用
        var memCard = db.MemCards.FirstOrDefault(e => e.MC_ID ==
                                                  viewModel.MemCardId);
        if (memCard == null)
            return new OperateResult(StateEnum.Error, "无效的会员卡信息");
        if ((CardStateEnum)memCard.MC_State != CardStateEnum.正常)
            return new OperateResult(StateEnum.Error, $"【{memCard.MC_Name}】会员已
                                    【{((CardStateEnum)memCard.MC_State).ToString()}】,
                                    不允许结算");

        if (memCard.MC_IsPast && memCard.MC_PastTime <= DateTime.Now)
            return new OperateResult(StateEnum.Error, $"【{memCard.MC_Name}】会员卡
            已于【{memCard.MC_PastTime.Value.ToString("yyyy 年 MM 月 dd 日")}】失
            效，不允许结算");

        //获取登录的业务员信息
        var json = HttpContext.Current.User.Identity.Name;
        if (string.IsNullOrWhiteSpace(json))
            return new OperateResult(StateEnum.Error, "登录超时，请重新登录");
        var user = json.ToObject<LoginInfoViewModel>();
        var model = new ConsumeOrders()
        {
            CO_CreateTime = DateTime.Now,
            CO_Remark = "快速消费",
            MC_ID = memCard.MC_ID,
            U_ID = user.Id,
            CO_TotalMoney = viewModel.TotalMoney,
            CO_DiscountMoney = viewModel.DiscountMoney,
            CO_GavePoint = viewModel.GavePoint,
            CO_OrderCode = new RandomHelper().GetOrderNo()
        };

        //添加消费信息
        db.ConsumeOrders.Add(model);

        //更新会员卡信息
```

```
            memCard.MC_TotalCount += 1;
            memCard.MC_TotalMoney += model.CO_DiscountMoney;
            memCard.MC_Point += model.CO_GavePoint;

            if (db.SaveChanges() > 0)
                return new OperateResult(StateEnum.Success, "结算成功");
            else
                return new OperateResult(StateEnum.Error, "结算失败");
        }
    }
```

(9) 在HPIT.MemberPoint.Web层的ConsumeOrderController控制器中添加一个Action，调用业务逻辑中的方法。

```
/// <summary>
///  提交快速消费
/// </summary>
/// <param name="viewModel"></param>
/// <returns></returns>
[HttpPost]
public ActionResult FastConsumption(ConsumeOrderViewModel viewModel)
{
    ConsumeOrderService consumeOrderService = new ConsumeOrderService();
    var result = consumeOrderService.Consumption(viewModel);
    return Json(result);
}
```

(10) 在FastConsumption.cshtml视图中添加提交表单的JavaScript。

```
    //为结算按钮注册点击事件
    $("#btn_Submit").click(function () {
        //表单提交
        $('#submitForm').form('submit', {
            url: "/ConsumeOrder/FastConsumption",
            onSubmit: function () {
                //进行客户端校验
                return $(this).form('enableValidation').form('validate');
            },
            success: function (data) {
                var json = JSON.parse(data);
                if (json.State == 1) {
                    //如果成功则弹出提示
                    $.messager.alert('温馨提示', json.Message, "info", function () {
                        //刷新页面
                        location.reload();
                    });
                }
            }
```

```
        });
    });
});
```

(11) 运行项目，实现会员快速消费，如图 11-1 所示。

图 11-1　会员快速消费

11.1.4 总结

- 根据关键字搜索会员信息，需要支持手机号码或者会员卡号，在 Entity Framework 中注意查询条件的构造。
- 在实现会员卡信息查找的时候需要判断该会员是否是正常状态，并且在有效期内。
- 页面中在实现折扣、兑换积分自动计算时，可以定义全局变量来保存会员的折扣比例和兑换比例信息。
- 在提交信息的时候除了在消费订单表中添加数据外，还需要更新会员表，更新累计消费金额和积分信息。

11.2 实现消费历史记录查询

11.2.1 任务目标

- 实现消费历史记录查询。

11.2.2 任务描述

(1) 默认加载页面时显示所有会员的消费历史记录信息，支持分页。

(2) 用户输入会员卡号或者手机号，可以根据输入的信息进行模糊查询。

11.2.3 实施步骤

(1) 在 HPIT.MemberPoint.Model 中的 ViewModels 文件夹下添加一个 ConsumeOrderListViewModel类，用来表示列表页面需要显示的属性信息。

```
using System;

namespace HPIT.MemberPoint.Model.ViewModels
{
    public class ConsumeOrderListViewModel
    {
        public string OrderCode { get; set; }
        public string CardId { get; set; }
        public string Name { get; set; }
        public decimal TotalMoney { get; set; }
        public decimal DiscountMoney { get; set; }
        public int GavePoint { get; set; }
        public string Remark { get; set; }
        public string UserName { get; set; }
        public DateTime CreateTime { get; set; }
    }
}
```

(2) 在 HPIT.MemberPoint.Model 中的 ViewModels 文件夹下添加一个 ConsumeOrderSearchViewModel类，用来表示搜索消费历史记录提交的请求属性信息。

```
namespace HPIT.MemberPoint.Model.ViewModels
{
    public class ConsumeOrderSearchViewModel
    {
        public string Keyword { get; set; }
        public int Page { get; set; }
        public int Rows { get; set; }
    }
}
```

(3) 在 HPIT.MemberPoint.Service 层的 ConsumeOrderService 类中添加一个方法用来查询会员消费历史记录信息。

```
/// <summary>
```

```
/// 分页查询订单信息
/// </summary>
/// <param name="viewModel"></param>
/// <returns></returns>
public PagedViewModel GetList(ConsumeOrderSearchViewModel viewModel)
{
    using (var db = new MemberPointContext())
    {
        var query = db.ConsumeOrders.AsQueryable();
        if (!string.IsNullOrEmpty(viewModel.Keyword))
            query = query.Where(e => e.MemCards.MC_Mobile == viewModel.Keyword ||
                                e.MemCards.MC_CardID == viewModel.Keyword);

        var list = query.Select(e => new ConsumeOrderListViewModel()
        {
            CardId = e.MemCards.MC_CardID,
            CreateTime = e.CO_CreateTime,
            DiscountMoney = e.CO_DiscountMoney,
            GavePoint = e.CO_GavePoint,
            Name = e.MemCards.MC_Name,
            OrderCode = e.CO_OrderCode,
            Remark = e.CO_Remark,
            TotalMoney = e.CO_TotalMoney,
            UserName = e.Users.U_RealName

        }).OrderByDescending(u => u.CreateTime).Skip((viewModel.Page - 1) *
                            viewModel.Rows).Take(viewModel.Rows).ToList();

        //获取总记录数
        int totalCount = query.Count();

        return new PagedViewModel() { rows = list, total = totalCount };
    }
}
```

(4) 在 HPIT.MemberPoint.Web 层的 ConsumeOrderController 控制器中添加一个加载列表页面的 Action。

```
/// <summary>
/// 加载消费记录视图
/// </summary>
/// <returns></returns>
[HttpGet]
public ActionResult Index()
{
    return View();
}
```

(5) 在 Index 方法上单击右键，添加新的视图，利用 EasyUI 编写会员等级类别页面布局。

```
@{
    ViewBag.Title = "消费历史记录";
}

<fieldset>
    <legend>查找会员</legend>
    <div>
        会员电话/卡号：<input id="txt_Input" type="text" />
        <a href="#" class="easyui-linkbutton Search" iconCls="icon-search">查询</a>
    </div>

</fieldset>
<fieldset title="消费记录列表" style="height:450px; padding-bottom:40px;">
    <legend>消费记录列表</legend>
    <table id="dg">
    </table>
</fieldset>
```

(6) 利用 Datagrid 组件实现异步读取会员等级列表数据，在 Index.cshtml 中加入如下 JavaScript。

```
@section scripts
{
    <script src="~/Scripts/Toolkit.js"></script>
    <script>
        $(function () {
            $("#dg").datagrid({
                fitColumns: true,
                pagination: true,                //pagination 如果为 true，则在 DataGrid 控件底部显
                                                   示分页工具栏
                fit: true,                       //当设置 fit 为 true 的时候，面板大小将自适应父容器
                singleSelect: true,              //如果为 true，则只允许选择一行
                rownumbers: true,                //如果为 true，则显示一个行号列
                url: "/ConsumeOrder/GetList",    //url 设置能够返回 JSON 数据的 Action 所对应的路径
                columns: [[
                    { field: 'OrderCode', title: '订单号', width: 200, align: "center" },
                    { field: 'CardId', title: '会员卡号', width: 150, align: "center" },
                    { field: 'Name', title: '会员姓名', width: 150, align: "center" },
                    {
                        field: 'TotalMoney', title: '总金额', width: 150, align: "center",
                        formatter: function (value, row) {
                            return "￥" + value;
                        }
                    },
                    {
                        field: 'DiscountMoney', title: '实际支付', width: 150, align: "center",
```

```
                    formatter: function (value, row) {
                        return "¥" + value;
                    }
                },
                { field: 'GavePoint', title: '积分', width: 150, align: "center" },
                { field: 'Remark', title: '类型', width: 150, align: "center" },
                { field: 'UserName', title: '业务员', width: 150, align: "center" },
                {
                    field: 'CreateTime', title: '时间', width: 150, align: "center",
                    formatter: function (value, row) {
                        return FormatJsonTime(value);
                    }
                }
            ]]
        });
        $(".Search").click(function () {
            $('#dg').datagrid('load', {
                Keyword: $('#txt_Input').val()
            });
        });
    });
</script>
}
```

(7) 在 ConsumeOrderController 控制器中添加 Action，调用业务逻辑层封装的方法获取数据，并返回 JSON 数据格式。

```
/// <summary>
/// 分页查询订单信息
/// </summary>
/// <param name="viewModel"></param>
/// <returns></returns>
[HttpPost]
public ActionResult GetList(ConsumeOrderSearchViewModel viewModel)
{
    ConsumeOrderService consumeOrderService = new ConsumeOrderService();
    var list = consumeOrderService.GetList(viewModel);
    return Json(list);
}
```

(8) 运行项目，可以看到默认加载所有会员消费历史记录信息，如图 11-2 所示。

(9) 在文本框中输入手机号或会员卡信息，单击“查询”按钮则显示该会员的历史消费记录，如图 11-3 所示。

消费历史记录 ×

查找会员

会员电话/卡号： 查询

消费记录列表

	订单号	会员卡号	会员姓名	总金额	实际支付	积分	类型	业务员	时间
1	20220121162808339290 5	800019	刘备	¥500	¥400	50	快速消费	妲己	2022-01-21 16:28:08
2	20220121154713219208 9	800019	刘备	¥1000	¥800	100	快速消费	妲己	2022-01-21 15:47:13
3	2021212614212	800000	郑安涛	¥100	¥70	20	快速消费	孙悟空	2021-04-26 14:21:02
4	20211213141246	800000	郑安涛	¥100	¥70	20	快速消费	孙悟空	2021-04-13 14:12:46
5	202134259344	800005	李迪	¥111	¥111	0	快速消费	孙悟空	2021-03-25 09:34:04
6	2021332593341	800005	李迪	¥3000	¥3000	300	快速消费	孙悟空	2021-03-25 09:33:41
7	2021202592057	800003	朱镭文	¥250	¥250	25	快速消费	孙悟空	2021-03-25 09:20:57
8	20212224172251	800005	李迪	¥200	¥200	20	快速消费	孙悟空	2021-03-24 17:22:51
9	20211924171939	800005	李迪	¥100	¥100	10		孙悟空	2021-03-24 17:19:39
10	20102810082850	800001	王雨	¥100	¥100	10	快速消费	孙悟空	2010-01-10 08:28:50

10 第1 共4页 显示1到10,共40记录

图 11-2　会员消费历史记录

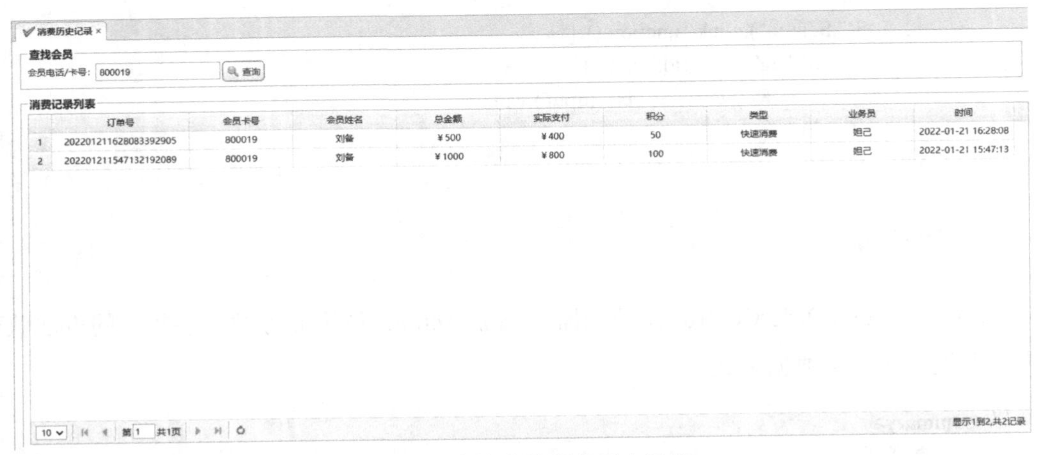

图 11-3　查询会员消费历史记录

11.2.4 总结

- 利用 Entity Framework 实现根据手机号或会员卡号进行多条件查询时注意查询条件的拼接。
- 在 DataGrid 组件中显示信息内容时可以使用 formatter 方法进行自定义输出。

11.3 项目总结

至此《会员消费积分管理》平台的功能模块已经开发完毕，通过项目实战我们更好地掌握了 ASP.NET MVC 开发模式，通过项目功能的开发我们更好地理解了企业级项目中的业务逻辑。在项目开发的过程中，首先需要明确的是功能需求，需求明确之后才能够更好

地实现其业务功能。

做企业级项目实战，通常综合性较强，但无论是什么业务功能，其实现的技术都离不开基础知识。只有基础知识掌握牢固了，在解决项目中的问题时才不会觉得困难。通过本项目的练习，我们更加深入地掌握了 ASP.NET MVC 中模型、视图、控制器彼此之间的联系，熟悉了 Entity Framework 在项目实战中的具体应用。前端方面，我们使用第三方开源的 UI 框架 EasyUI，参考相关技术文档，更容易掌握它，并且大部分数据交互采用 Ajax 技术进行处理，提高了用户的体验。

所以项目实战开发既是对基础知识的巩固，也是对综合技术能力的提高，所有的技术只有付诸于实践，才能够真正地体现出它的价值所在。